森林食物产业技术升级丛书

图解油茶
丰产高效栽培

左继林　主编

中国农业出版社

北　京

序 言 PREFACE

油茶是我国特有的高价值木本食用油料树种，山茶油是全球优质的食用植物油。国内外营养专家均把山茶油与橄榄油相媲美，它气味清香不油腻、营养丰富易吸收（不饱和脂肪酸含量高达90％），且具有预防三高、溶血栓的功能，非常适合中国传统的高温烹饪，社会认可度极高。2014年，国务院办公厅出台《关于加快木本油料产业发展的意见》，明确重点发展油茶、核桃等11个木本油料树种。2024年，中央一号文件提出，扩大油菜面积，支持发展油菜等特色油料，从而保障我国油料供给安全和稳定。高位助推油茶产业发展，全国迎来了新一轮的油茶产业高质量发展。

长期以来，我国经济林专家不断开展油茶栽培科研工作，在油茶良种选育、早实丰产栽培、低产低效林改造等方面取得了许多优秀的成果。山茶油作为我国得天独厚的自然资源，深受国内外市场欢迎，开发利用前景广阔。在油茶适栽地区，因地制宜地发展油茶产业，其经济效益和社会效益日渐突显。

为了帮助广大林农和企业了解油茶、种植好油茶，满足技术人员指导油茶生产的需要，推动油茶产业在油茶产区的高效发展，助力乡村振兴，我们在总结成功生产经验，汇集筛选实用科技成果和高效栽培新技术的基础上，编写了《图解油茶丰

图解油茶
丰产高效栽培

产高效栽培》一书，期望能为我国油茶产业的高质量发展助力。

江西省林业局及江西省林业科学院对油茶良种的选育和高效栽培技术的研究给予了大力支持和帮助，左继林、王玉娟、叶甜甜、周文才、金明霞、黄建建、龚春、贺义昌等相关研究人员在油茶生物学特性、良种选育、丰产栽培、病虫害防治、采收仓储等方面开展了系列研究工作，同时，湖南省林业科学院陈隆升研究员、广西壮族自治区林业科学研究院叶航研究员与赣州市林业科学研究所胡小康高级工程师也提供了宝贵资料，在此，一并向有关单位、作者、研究者表示衷心的感谢和崇高的敬意！

由于编者水平有限，加之成稿较为仓促，书中存在疏漏在所难免，恳请同行专家和读者批评指正。

左继林
2024年1月

目 录 CONTENT

序言

第一章　油茶概况 / 1

第一节　油茶产业发展现状与问题 / 2
第二节　油茶的生物学特性 / 14
第三节　油茶主要栽培物种 / 21
第四节　油茶主要栽培良种 / 32

第二章　油茶良种壮苗繁育技术 / 48

第一节　裸根苗 / 48
第二节　容器苗 / 59
第三节　苗木出圃与储运 / 65

第三章　油茶丰产高效栽培技术 / 68

第一节　选地与整地 / 68
第二节　良种选用与配置 / 73
第三节　苗木质量标准 / 76
第四节　打穴与种植 / 77
第五节　水肥管理 / 80
第六节　中耕抚育 / 88
第七节　引蜂授粉 / 90
第八节　整形修剪 / 93

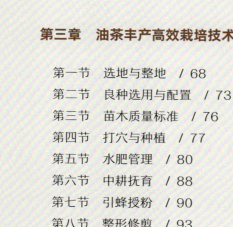

第四章　油茶病虫害防治技术　/ 95

第一节　主要病害防治　/ 95
第二节　主要虫害防治　/ 109
第三节　病虫害生态综合防治技术　/ 128

第五章　油茶低产低效林改造技术　/ 132

第一节　低产低效林形成原因　/ 132
第二节　低产低效林主要提升技术　/ 134
第三节　预植更新及复壮措施　/ 149

第六章　油茶林复合经营技术　/ 152

第一节　复合经营概念和原则　/ 153
第二节　间作作物选择　/ 156
第三节　间作丰产技术　/ 158

第七章　茶果采收与仓储　/ 163

第一节　茶果成熟特征　/ 164
第二节　高效采收　/ 166
第三节　仓储保存　/ 167

主要参考文献 / 170

附录 / 171

附录一　苗圃害虫的特点及防治 / 171

附录二　叶部害虫的特点及防治 / 172

附录三　常见枝干和果实害虫 / 174

附录四　国家明令禁止使用的农药一览表 / 175

附件五　全国油茶主推品种目录 / 176

附录六　油茶生产月历及主要农事 / 181

第一章 PART ONE

油茶概况

　　油茶（*Camellia oleifera* Abel）是我国特有的食用油料树种，与油橄榄、油棕、椰子并称为"世界四大木本油料植物"。油茶在我国已有2 300多年的种植历史，主要分布于18个省份，1 100多个县、市，南北东西纵横16个纬度和22个经度，东自台湾，西至四川，北起陕西，南达海南，其中江西、湖南、广西3省（自治区）的种植面积占全国总种植面积的75%左右。油茶全身是宝，综合开发利用前景十分广阔，主要产品是山茶油，其主要成分油酸与亚油酸含量高达90%以上，远高于花生油（78.8%）和菜籽油（30.4%），能有效预防心脑血管等疾病，享有"健康油""长寿油""月子油"的美誉，是被联合国粮食及农业组织（FAO）公认和重点推广的健康型高级食用植物油。山茶油深受国内南方市场欢迎，出口贸易也空前活跃，尤其是东南亚国家对山茶油情有独钟。山茶油在日本的价格是菜籽油的7.5倍。此外，山茶油在化妆品、医药等行业也有所应用。榨油后的饼粕、油茶壳等残留物可作为食用菌的培养料、清塘剂，以及生产糠醛和木糖醇等的原材料。

　　油茶不仅是较好的木本油料树种，也是绿化荒山、改善生态环境的优良树种。积极推动油茶产业的高质量发展，完善我国油茶资源培育和加工利用的技术体系，既是贯彻落实"两山"理念，改善我国的生态环境的生动实践；也是能够有效满足和保障国家粮油安全，缓解国家耕地资源短缺的矛盾，推进农业

供给侧结构性改革，助力乡村振兴的必然选择；还是优化食用油消费结构，提高国民膳食健康水平的本质要求。

第一节
油茶产业发展现状与问题

党和国家领导高度重视油茶产业，多年来不断完善政策和措施支持油茶产业发展。十八大以来，习近平总书记多次就油茶产业作出重要指示批示，强调山茶油是个好东西，要大力发展好油茶产业。基于国际国内形势的分析判断，党的十九大明确提出中国特色社会主义进入新时代，我国社会主要矛盾已经转化为人民日益增长的美好生活需要和不平衡不充分的发展之间的矛盾。这些均有力促进了油茶产业的快速发展。

坚持新的发展理念，加强供给侧结构性改革，经济社会发展由数量高速增长向高质量发展转变，油茶产业发展从数量的快速增长转向高质量发展的要求也应时而生。2019年11月，在江西赣州召开的全国油茶产业发展工作会议上，时任国家林业和草原局（国家公园管理局）局长的张建龙明同志明确指出，要全面贯彻落实习近平总书记关于油茶产业发展的重要指示精神，毫不动摇地鼓励、支持、引导油茶产业发展，完善相关制度体系建设，扩大油茶产业发展规模，巩固油茶产业脱贫成效，推进低产低效油茶林改造，强化市场监管和品牌建设，扎实推动油茶产业高质量发展。

江西省委、省政府历来高度重视油茶产业发展，将油茶产业视为助力脱贫攻坚和乡村振兴的重要产业，制定出台系列扶持政策，着力构建现代油茶产业发展体系，加快赣区油茶产业发展。2019年，江西省人大、省政协分别组织专题调研组赴省

内外油茶重点产区进行深入调研，并形成江西省油茶产业发展现状、存在问题及对策建议的专题调研报告。近年来，省林业局党组也多次召开专题会议研究推进油茶产业高质量发展的有关政策措施，重新组建油茶产业发展办公室负责协调有关事宜，启动油茶科技创新重大专项，依靠科技创新提高油茶资源培育的效率和效益。

一、产业发展成效

自 2008 年以来，油茶产业在国家政策和项目资金的支持下，取得明显的发展成效，主要体现在以下几方面。

（一）扶持力度不断加大，社会投资踊跃

各级政府高度重视油茶产业发展，自 2008 年以来，江西、湖南等 15 个省（自治区、直辖市）政府部门及其下辖市、县相继印发了省、市、县油茶产业发展规划。2016 年国家发展和改革委员会将木本油料油茶与草本油料花生、大豆、油菜籽作为大宗油料作物，重点支持发展。2008—2018 年国家林业和草原局（原国家林业局）分别在湖南、江西、广东等省先后召开了10 次全国油茶产业发展现场会，推动油茶产业持续发展。2019年国家林业和草原局在江西赣州召开了全国油茶产业发展工作会，要求扎实推动油茶产业实现高质量发展，力争 2025 年油茶种植面积达到 600 万公顷，完成低产低效油茶林改造 133.3 万公顷，山茶油年产量达到 200 万吨，产值达到 4 000 亿元。

政府不断加大对油茶产业的财政资金扶持力度，2009 年国家林业局将油茶等木本油料作物贷款纳入贴息范围，2012 年中央财政启动整合和统筹现代农业生产发展资金等 10 项资金支持油茶等木本油料产业发展，2019 年社会投资油茶产业发展资金

70亿元，各级财政累计投入资金27.8亿元，是2009年的2.3倍。同时，各地方政府也加大了对油茶产业发展的资金投入力度，湖南省从2009年起，设立油茶产业发展专项建设资金，每年5 000万元，江西、安徽等省提高了油茶新造林和低产林改造补助标准。2008年至今，各级政府对油茶产业的重视程度与扶持力度不断加大，中央财政资金重点支持低质油茶林改造，将油茶产业技术研发纳入国家"十四五"科技计划，进一步推动油茶产业发展。2020年5月22日，江西省林业局发布《关于印发〈江西省油茶资源高质量培育建设指南（试行）〉的通知》（赣林产字〔2020〕42号）。2023年1月5日，国家林业和草原局、国家发展和改革委员会、财政部联合印发《加快油茶产业发展三年行动方案（2023—2025年）》（以下简称《行动方案》），明确2023—2025年完成新增油茶种植面积1 917万亩[*]、改造低产林1 275.9万亩，确保到2025年全国油茶种植面积达到9 000万亩以上、茶油产能达到200万吨。各省、市、县的油茶三年行动计划也相应出台。

（二）栽培面积达历史新高，单位面积产油量有所提升

2018年，我国油茶种植面积达到426.7万公顷，平均每年以12.5万公顷的速度增长。当年茶籽和山茶油的产量分别为263万吨、65.75万吨，是2008年的2.7倍、2.5倍，山茶油亩产量（10.27千克）和油茶产业总产值（1 024亿元）分别比2008年提高了1.77倍和9.3倍。油茶主产区集中分布于湖南、江西、广西等14个省（自治区、直辖市）的642个县（市、区），其中栽培面积超过6 667公顷的县（市、区）有153个，比2008年的142个增加了11个县。湖南、江西、广西仍是主要产区，种植面积分别占全国现有油茶林总面积的31.40%、22.69%、10.11%，3个省

---

[*] 亩为非法定计量单位，1亩≈667米²。——编者注

（自治区）的总栽培面积占全国总栽培面积的64.2%，相对2008年的76.2%减少了12%；其他产区栽培面积占比增加，油茶种植发展速度相对更快。

2022年，全国油茶产业总产值达到2 252.12亿元，同比增长17.3%，油茶种植面积7 084.5万亩，山茶油产量达100万吨，其中江西油茶种植面积1 560.4万亩，山茶油产量达20.1万吨。全国参与油茶产业发展的企业达2 523家、油茶专业合作社5 400个、种植大户1.88万个，带动173万低收入人口通过油茶产业增收。

（三）省级良种和苗木生产数量成倍增加，良种推广效果显著

油茶优良无性系选育和杂交育种研究持续开展自2008年以来，云南、贵州、湖北相继开展了普通油茶的选育研究，在远缘杂交研究中发现广西博白大果与江西小果结果率高，能得到大量杂交后代选育材料，红花油茶与普通油茶杂交成功率低，油茶雄性无性系研究丰富了油茶良种选育材料。2017年国家林业局发布第1批《全国油茶主推品种目录》，公布了121个主推油茶品种，同时提出高度重视油茶品种优化调整、确保油茶良种苗木供应、进一步明确油茶新造林地品种配置和加强对油茶主推品种的宣传4点要求，有效促进了全国油茶良种的使用和管理。2022年国家林业和草原局发布了《全国油茶主推品种和推荐品种目录》，对全国油茶良种进行优中选优，确定16个品种作为全国主推品种、65个品种作为各省（区、市）推荐品种，并在推荐品种信息中增加了品种特性、造林地要求、配置品种等内容。2023年，国家林业和草原局、国家发展和改革委员会与财政部联合印发了《加快油茶产业发展三年行动方案（2023—2025年）》。我国苗木生产水平也有所提高，2018年油茶良种苗木产量约8亿株（26万株/公顷），油茶良种苗木生产能力相比

2008年的5 000万株大幅提升。实际生产中，苗木良种使用率已达到95%以上，良种推广效果显著。

（四）茶油品牌建设和宣传受到重视

2018年，全国参与油茶产业发展的企业有2 500多家，是2009年的6倍，湖南省油茶企业数量最多，占总数的38%。据统计，全国龙头企业茶油品牌有150余个，中国驰名商标主要有"大三湘""林之神""润心""金浩"等。2017年国家林业局成立了林业品牌工作领导小组，以加快林业品牌建设；中国林业产业联合会木本油料分会成立了中国茶籽油品牌集群，以促进茶籽油质量和价值的提升。地方政府同样重视品牌建设，湖南省人民政府重点支持、湖南省林业局主持打造"湖南茶油"公用品牌，建立了"湖南茶油"服务平台；2021年由江西省林业局油茶产业发展办公室指导、省油茶产业协会制定的《江西山茶油团体标准》发布，江西省5家茶油经营企业获颁"江西山茶油"公用品牌标识使用授权证书。通过团体标准和品牌授权管理约束，确保了产品质量，使得油茶产品销量大幅提升。"赣南茶油""鼎城茶油""锦屏茶油"等被批准为国家地理标志保护产品，为茶油产业品牌建设和高质量发展提供了强劲动力。

（五）研究平台建设日趋完善，研究成果颇丰

我国油茶科研工作在良种繁育、丰产栽培、油脂加工、残渣利用和机械研发等方面取得了较好的成效，建设了国家油茶工程技术研究中心（湖南）、国家油茶科学中心（中国林业科学研究院）等研发平台，以及国家林业和草原局油茶生物产业基地（湖南省常宁市）、油茶产业科技示范园等集成示范基地；2项油茶科技成果获得国家科技进步二等奖；制订国家、行业和地方标准80多个，发明专利3 000多项，文献产出将近1.1万篇

（中国知网收录）。近年来，科研人员开展了油茶组培生根研究，并优化了油茶芽苗砧嫁接技术，改进了油茶施肥和整形修剪技术等；进行了油茶鲜果机械采收、油茶果壳和油脂加工技术的研究，不断创新了油茶副产品方面的深加工技术。

二、科技进展现状

自20世纪50年代我国开展油茶研究起，在科技工作者几十年的共同努力下，迄今已在品种选育、栽培技术等领域取得了系列科研成果，特别是国家"十一五"科技支撑项目"油茶产业升级关键技术研究与示范"的成功实施与联合攻关研究，突破了一批油茶产业链关键技术瓶颈，取得了重要理论创新和一批实用技术成果。

（一）良种选育

从良种选育方面来看，油茶种质资源非常丰富。目前，在我国具有一定栽培面积和利用历史的油茶物种主要有：普通油茶（*C. oliefera*）、小果油茶（*C. meiocarpa*）、越南油茶（*C. drupifera*）、滇山茶（*C. reticulata*）、浙江红山茶（*C. chekiangoleosa*）等13个种。按种植的地理位置分为适应西南高山区、华南、华中、华东丘陵区的栽培品种；按收获期分为秋分籽、寒露籽、霜降籽、立冬籽，其中霜降籽较好，品种多，适应范围广；按花色分为白花油茶、红茶油茶；按果实大小分为小果型、大果型（红花油茶多为大果型），其中大果型产量偏低，但果仁出油率高。

我国科研工作者较为全面系统地调查、收集、整理了山茶属种质资源，并进行了保存利用等技术研究，分别在江西南昌、湖南长沙、广西南宁、浙江富阳建立了面积15公顷以上的山茶

属种质基因库，特别是2012年在国家林业局的支持下，由中国林业科学研究院亚热带林业研究所牵头，组织油茶产区相关科研单位，对全国范围内的油茶遗传资源再次进行调查、整理、分析。迄今为止，共收集油茶遗传资源5 000余份。其次，在油茶良种选育方面，从油茶优良无性系（家系）选择测定，再到杂交育种、辐射育种结合现代分子学育种，已选育出了一批高产优良品种并推广应用。据不完全统计，我国油茶育种家已成功选育了360多个油茶品种，其中73个品种已通过国家审（认）定，120多个经省级审（认）定。经栽培种植试验验证，产量超过750kg/hm^{2}的油茶良种有63个，占总数的83%。2022年，国家林业和草原局组织全国油茶产区对推广的油茶良种优化筛选，颁布15个省（自治区、直辖市）主推品种共16个，并列出了各省（自治区、直辖市）油茶的推荐品种目录。

当前，油茶良种选育进入新的阶段，从单一关注产量转到兼顾产量、品质以及特异性状挖掘利用等方面，从常规育种转到以常规育种为主，结合杂交育种、诱变育种和运用生物技术辅助育种方向发展，培育了一批有价值和发展潜力的新种质材料。

（二）良种繁育

在良种繁育方面也取得较丰硕的成果，主要包括大苗扦插、嫁接及组织培养等无性繁殖和采穗圃营建技术的研究。

早在20世纪60年代，科技工作者便开始攻关油茶扦插育苗技术，60年代借鉴茶树短穗扦插的原理和方法，突破了传统油茶扦插技术，该技术在华南地区得到了较广泛的推广应用，特别是在广西河池市的巴马瑶族自治县、岑溪市、南宁市等地进行了大面积的油茶扦插容器苗造林试验与应用示范。

目前，嫁接繁育是油茶良种繁育的主要方式，主要包括大树换冠嫁接和芽苗砧嫁接两种。嫁接繁育在油茶优良无性系测定林建设、良种采穗圃营建、油茶低产林改造以及培育观赏茶花大树方面发挥着突出的作用。油茶大树嫁接换冠技术目前已形成了成熟的技术体系，尤其是江西省林业科学院研发的"改良拉皮切接法"和湖南省林业科学研究院的"嵌合枝接法"，但由于人工成本与技术要求较高、普通林农难以接受等因素制约，技术推广缓慢。1978年，中国林业科学研究院亚热带林业研究所韩宁林先生研究的油茶芽苗砧嫁接育苗技术取得成功，随后科研人员和生产者纷纷参与砧木材料、基质类型、营养液类型、嫁接时间选择，以及砧木培育、接穗采集、嫁接、栽植等芽苗砧嫁接技术以及接后管理等提高嫁接成活率与苗木质量的研究。2005年，中国林业科学研究院亚热带林业实验中心将芽苗砧嫁接和容器育苗有机组合，获得突破，实现了良种嫁接苗的工厂化批量生产，大大提高了油茶造林良种化水平。

植物组织培养在油茶育苗上的研究较晚，广西壮族自治区林业科学研究所1980年采用油茶组织培养诱导出了胚状体，并获得再生植株，随后30年内，围绕油茶组织器官选择、培养基成分调配、培养环境控制等的研究相继获得成功，但由于技术要求高，仍难以在生产上大规模推广应用。

采穗圃营建技术研究始于20世纪70年代末。科研人员围绕油茶良种采穗圃的营建方式、造林密度以及栽培管理技术对穗条产量与质量的影响等开展了系列研究，取得一批实用成果，为大规模推广油茶良种造林奠定了扎实的基础。

（三）油茶丰产栽培技术

油茶丰产栽培技术研究也获得了丰硕的成果。通过垦复、修剪、施肥、病虫害防治、林地复合经营等单项营林和栽培技术的重点研究，再到综合丰产配套技术的应用，油茶科研人员

取得了一系列科技成果。在栽培理论上，关于油茶生长发育、生理生化、生态特征以及遗传背景和遗传规律等方面的研究成果较多，围绕油茶的营养特性、油茶林养分循环、营养诊断和施肥效应等的研究也获得系列成果。

（四）油茶加工利用

在油茶加工利用方面，主要开展了山茶油提取（制油技术）与产品质量检测、山茶油深加工以及副产物综合利用技术等研究。

随着对山茶油品质要求的不断提高，山茶油提取新技术相继出现，比如冷压榨的精炼技术和水法提油技术，其优点是减少了"五脱"工艺，保留了山茶油大多数营养成分和风味；缺点是冷榨残油率高，水酶法酶用量高，水媒法酒精用量高，但这些工艺均未能实现产业化。目前，油茶"适度加工"工艺受到关注，即通过精准适度加工，山茶油的固形物和多种无益的脂肪伴随物可大部分除去，降低至食品安全许可范围之内，并能减少各种有益脂肪伴随物的损失。

在山茶油的精深加工方面，研发了具有营养品开发价值的山茶油微胶囊、山茶油的抗衰老润肤产品；近年来还开展了化妆品用山茶油的工艺、注射用山茶油的工艺及山茶油的改性工艺研究。开发山茶油消毒产品、化妆品（护肤油、滋养霜、润肤乳等）、日化品（手工皂、精油皂等）是未来发展的趋势。有关山茶油鉴伪研究主要是根据山茶油特殊的化学成分采取成熟的理化特性分析方法、色谱与光谱等现代仪器分析方法来研究山茶油掺假的定性以及定量的检测技术。国内目前检测的方法主要是利用气相色谱法（GC）、气相色谱质谱联用法（GC-MS）、液相质谱法（LC-MS）等来测定山茶油及掺伪油脂的脂肪酸组成、挥发性成分、甘油三酯、特征酚类等成分，总体上掺伪量的检出限一般在5%～10%。挖掘山茶油特征营养成分作

为主要参考指标，借助现代痕量分析检测手段比较研究，是开发快速灵敏鉴别山茶油掺假技术的研究思路。

在油茶副产物综合利用方面，包括对油茶饼粕的开发利用研究，主要围绕提取茶皂素、蛋白、多糖以及制作抛光粉和用作肥料、饲料等方面展开。其中，以茶皂素研究相对居多，茶皂素是一种性能优良的天然非离子型表面活性剂，不污染环境，已被开发为洗涤剂、农药润湿剂、杀虫剂、杀菌剂、发泡剂等产品。油茶壳在茶果中质量比高达50%～60%，主要被利用于提取茶皂素、木糖、糠醛，以及制备活性炭、栲胶、木质复合材料等。总之，对油茶壳和茶皂素的综合利用，提高了其产品的附加值，是未来油茶副产物利用的发展趋势。

三、油茶产业高质量发展的瓶颈问题

近十年来，我国油茶产业发展基础不断夯实，取得了一定成效，但还存在油茶资源质量较低、林农种植积极性不高、产业链条不完善、山茶油市场不规范等问题。当前，制约产业高质量发展的瓶颈问题主要体现在以下几方面（以江西省为例）。

（一）经营主体对高产油茶种植的认识不足

油茶树是经济林木，要想产量高，技术和资金不能少。油茶树寿命长达百年，从种植到挂果需要4～5年，7～8年才能进入盛产期。据测算高产油茶前5年亩均投入4 000元左右（不含地租和基础设施），后期抚育管护仍需要持续投入资金。但大部分经营者对油茶生产周期长、投入大、技术要求高的事实认识不足，仅凭油茶预期产量高、收益期长就盲目进入，没有充足资金、技术储备，导致后期因资金不足和管理不善等荒弃茶林。

（二）油茶经营管理水平普遍较低

油茶相比脐橙、蜜橘等果树经营管理水平和生产条件都有较大差距。具体表现为：

1.经营模式单一 目前江西省油茶经营以企业和农户自主经营为主，相互之间缺乏有效的利益联结机制，虽然全省提出了"五统一分"的经营模式，但并未在生产实际中发挥出应有的带动作用。

2.油茶林的基础设施条件比较差 除了少数企业建设基地修建了道路和水电设施，绝大多数油茶林都无基础设施。据统计，江西省油茶林中配备节水灌溉设施的基地不足10万亩，仅占总面积的0.59%，油茶林主干道水泥硬化的面积27.9万亩，占比为1.8%。

3.技术推广普及率低 我国油茶主产区均在现有油茶栽培技术标准的基础上，结合当前油茶资源现状和高产典型经验，提出了油茶"新造、低改、提升"三种类型的技术措施与规程，具有较强的现实指导性和科学性，并在各地进行大力推广和宣传，但因种植户分散、点多面广、原有经营习惯及传统经验根深蒂固等原因，在实际生产中未得到全面应用。

4.机械化水平落后 目前油茶种植过程中仅清山整地和杂草清除环节中有部分机械可供选择，而垦复、施肥、采摘等环节可供选择的机械极少。据统计，江西省现有经营的油茶林中使用农机开展抚育管理的面积仅占0.87%，人工开展抚育管理的面积占比达到99%以上。

（三）油茶产业链条不完善

1.专业服务组织缺乏，资源要素配置能力不足 江西省林业技术推广服务体系虽已建立，但面对千家万户种植，实际发挥作用较小，油茶栽培管理、修剪专业队伍少，林农缺乏栽培

新技术、农资采购、茶果收购等信息，技术、人力、资本、信息等要素配置不顺畅。

2.初加工基地缺乏，油茶果处理能力弱　江西省油茶果初加工目前主要以企业和农户采取人工堆沤、晾晒、破壳为主，社会化服务程度低、机械化比例不高。人工露天堆晒的茶果经常遇阴雨天气，淋雨的茶籽未能及时处理而发生霉变，不仅影响干籽出售价格，更增加了山茶油的质量安全风险。

3.龙头企业缺乏，产业引领带动能力不强　江西省规模以上油茶加工企业虽然有46家，但资产规模均在2亿元以下，年销售收入亿元以上的企业仅13家，且以生产食用油为主，油茶加工企业多各自为战和自保，难以引领带动行业发展。

（四）山茶油市场不规范

1.小作坊生产冲击市场　据统计，江西山茶油产量60%～70%出自小作坊。这些山茶油原料来源不清，加工生产条件较差，产品多未经检测就流向市场，油品质量难以保障，低价低质山茶油严重冲击了市场。

2.少数茶油企业以次充好扰乱市场　大型油茶加工企业主要生产压榨山茶油、浸出山茶油和山茶油调和油，由于山茶油国家标准没有区分压榨油、浸出油、调和油的检测方法，也未有准确甄别压榨油、浸出油和调和油检测技术，市场监管部门难以监管山茶油真伪，导致浸出油、调和油冒充纯压榨山茶油等现象成为油茶加工行业中"公开的秘密"，消费者本着"土榨更正宗"的想法购买无质量检测的毛油，而不购买品质有保证的山茶油。

（五）山茶油品牌多而杂

仅江西省现有油茶加工企业280家，注册茶油商标360多个，但真正市场销量大、价值高的品牌屈指可数。此外，各地也陆续推

出了区域公用品牌，如赣州市推出了"赣南茶油"，宜春市推出了"宜春油茶"，但目前各地公用品牌定位雷同，无法形成品牌合力。

（六）产业发展关键技术未突破，产业缺乏后劲

1.产业发展关键技术存在急需突破的瓶颈技术　一是现推广的油茶良种品种仍为80年代选育的，新品种选育进展缓慢；二是快速高效的组织培养育苗技术还未突破，油茶育苗依然采用嫁接方式，工序多、周期长、人工成本高；三是适宜油茶种植抚育、茶果采摘方面的机械设备研发未取得突破；四是缺乏油茶品种最优配置模式和丰产高效的栽培技术，仅仅是"长林""赣无""赣州油"的品系内有配置模式的初步研究；五是山茶油鉴伪技术未突破，压榨油、浸出油、山茶油调和油鱼龙混杂，难以分辨。

2.基础研究不深入，机制原理未探明　针对油茶授粉亲和力、树体管理、营养调控、油脂转化、山茶油功效及主要成分药理活性等方面的基础性研究薄弱，良种繁育和高效栽培缺乏分子水平的理论基础。山茶油具有的多种功效无法从相关成分中给出明确答案，不同的加工工艺对山茶油风味和品质的影响及其作用机制还未开展系统的研究。

第二节
油茶的生物学特性

一、油茶的形态特征

油茶（*Camellia oleifera* Abel），属山茶科（Theaceae）山茶属（*Camellia*）树种，为常绿小乔木或乔木（图1-1）。株高2～8米，基径8～40厘米。油茶的树龄可达几百年。油茶树

图1-1　普通油茶形态特征

A.幼树　B.成林

皮黄褐色，嫩枝稍被毛。芽具鳞片，密被银灰色丝毛。叶片单叶互生，革质，具柄，椭圆形，长3～9厘米，宽2～5厘米，叶基部楔形，先端渐尖或急尖，边缘有细锯齿，中脉两面稍突起，侧脉不明显。花白色，直径4～8厘米，顶生或腋生；花瓣5～8片，倒卵形，先端凹入，外面被疏毛，雄蕊多数，无毛，2～4轮排列。子房无毛，柱头3～5裂。蒴果球形、桃形、橘形、橄榄形和鸡心形等，果径2～5厘米，每果内种子4～10粒。种子茶褐色或黑色，种仁白色或淡黄色，胚微突，与种子同色。

二、油茶个体的生命周期

油茶的生命周期从种子萌发、幼苗生长、开花结果直到树体死亡。油茶树体平均寿命一般达80年以上，有的可达几百年。根据油茶个体生长发育的过程，可把其生命周期划分为幼龄期、逐渐成熟期、成年期、衰老期等四个时期。

（一）幼龄期

幼龄期是从油茶种子萌发出土到开始开花结果这一阶段。

一般经历3～5年。幼龄期主要表现为营养生长十分迅速，开始形成主干。

（二）逐渐成熟期

从开始开花结果到树冠基本形成，这一阶段为逐渐成熟期。一般经历6～8年。这个阶段主要表现为树冠生长迅速，春、夏两季萌发较多新梢，结果量逐渐增加。

（三）成年期

成年期是指油茶树产量较大的时期，此阶段可达50～80年，表现为营养生长和生殖生长都旺盛，即春梢多，挂果量也多。此阶段树体继续增高，树冠也继续增大。树干木质变得更坚硬，根系不断扩展，可深达3米以上。

（四）衰老期

油茶树生长70～80年后，其营养生长和生殖生长逐渐衰退，树势衰老，此阶段为衰老期。此时树体新梢生长量减少，产量逐年下降。

三、油茶的生长发育特性

（一）枝梢生长

油茶的枝梢是着生叶片、花芽分化、开花结果的重要部分。枝梢均由夏秋季的新梢生长形成，新梢主要是由顶芽和腋芽萌发或从树干上萌生的不定芽抽发。油茶顶端优势明显，顶芽和近顶腋芽萌发率最高，抽发的新梢结实粗壮，花芽分化率和坐果率均较高。树干不定芽萌发常见于成年树，有利于补充树体

结构和修剪后的树冠复壮成形。

根据新梢萌发的不同季节，可分为春梢、夏梢和秋梢三种。

1.春梢　立春至立夏期间抽发的新梢，一般在3月上旬至中旬萌发，5月上中旬停止抽生，其数量多，粗壮结实，是当年花芽分化与通过光合作用制造和积累养分的主要器官（图1-2）。春梢当年可形成花芽，也是翌年的结果母枝，此外强壮的春梢还可以成为抽发夏梢的基枝。春梢的数量和质量决定于树体的营养状况，同时也会影响到树体生长以及翌年结果枝的数量和质量，所以培养数量多、质量好的春梢是高产稳产先决条件之一。

图1-2　油茶良种赣无1（左）与赣无2（右）春梢

2.夏梢　立夏至立秋期间抽发的新梢，一般6月上旬由春梢顶芽或春梢腋芽抽生，7月下旬停止抽生（图1-3）。一般幼树能抽发较多的夏梢，促进树体扩展；此外，始果期和盛果前期的树也能抽发一定量的夏梢，一般生长在树冠的外围和上部。其中，少数组织发育充实的也可当年分化花芽，成为翌年的结果枝。夏梢的生长量与气温、降水量等环境因素有关，雨水较充足则生长量大，高温干旱则生长量小，生长枝条短。

图1-3　油茶良种赣无2树体（左）夏梢（右）

3.秋梢　立秋至立冬期间抽发的新梢，一般9月上旬萌发，10月中旬停止抽长。以幼树和初结果或挂果少的成年树抽发较多，但由于组织发育不充实，不能分化花芽，在亚热带北缘的晚秋梢还容易受到冻害。

油茶幼树生长旺盛，在油茶主产区立地条件好、水肥充足时一年可多次抽发春、夏、秋梢，而油茶树体进入盛果期后一般只抽发春梢，生长旺盛与营养充足的树有时也会抽发数量不多的夏、秋梢。

（二）花的生长

花是孕育果实的繁殖器官。在正常栽培情况下，油茶实生树一般3～4年开花，而油茶嫁接树则提早2～3年（图1-4）。

图1-4　油茶花

油茶的芽属于混合芽。花芽分化是从5月春梢生长停止后开始，从当年春梢上饱满芽的花芽原基分化，到6月上中旬已能从形态上将花芽和腋芽区分出来，到9月花芽完全发育成熟，9月中下旬开始开放，盛花时期在10月中下旬，11月下旬后逐渐减少，进入末花期。

油茶开花与温度有密切关系，最适宜的温度是14～18℃。因此，不同地区油茶的开花时间有明显的差异。此外，不同油茶品种、树体不同营养生长状态均影响开花。早分化的花芽比迟分化的花芽开花早，成林比幼林开花早，营养生长较好的比差的开花早，当年结果量少的比结果量大的开花早，采果早的比采果迟的开花早。

（三）果实的生长

油茶树造林后3～4年开始挂果并有一定产量，7～8年后逐渐进入盛果期（图1-5）。油茶花开放以后，花粉成熟即可授粉。油茶为虫媒授粉，当花授粉受精后，到3月中旬子房逐渐膨大，形成幼果。3月果实膨大时有一个生理落果高峰。从3月中旬至9月上旬，果实逐渐膨大；3月中旬以前，幼果生长缓慢；3月下旬至8月下旬，果实体积增长，特别是7月初至8月初，果实体积增长很快。8月以后，进入油茶转化时期，此时种子含水量随着干物质的积累而降低，其油脂含量逐渐增加。7—8月，如遇上高温干旱，就会造成果实

图1-5　油茶果实

较少、且种仁含油率较低的情况，从而出现"七月干球，八月干油"的现象。

9月上旬后，果皮呈现油光发亮状态，种皮逐渐变成黄褐色或黑褐色，果实茸毛渐退，果壳微裂，则表示果实成熟。果实成熟期跟品种有关，一般油茶品种寒露籽（表1-1）和霜降籽分别于10月上旬和下旬成熟。

表1-1 油茶果（寒露籽）成熟过程中种仁含油率的变化

日期（月/日）	8/1	8/10	8/20	9/1	9/10	9/15	9/20	9/25	9/30	10/4
种仁含油率（%）	8.62	16.41	32.20	37.51	45.73	50.49	50.97	54.23	55.29	56.85

（四）根系的生长

油茶属于直根植物，主根发达，占总根重的80%左右。幼年阶段主根生长量大于地上部分生长量，成年时正好相反。成年时主根能扎入2～3米深的土层，侧根向四周斜下延伸，由侧根再分生许多细根和吸收根，细根多分布在20～70厘米的土层中，吸收根主要分布在10～30厘米的土层中，且以树冠投影线附近为密集区。

油茶根系具明显的趋水趋肥性。经营管理较好、土壤疏松肥沃，其根系生长较好、分布深而广，反之则根系分布浅而少根，幅面窄。油茶根系（图1-6）每年均发生大量新根，每年2月中旬开始萌动，3月下旬至4月中旬出现一个生长高峰，其后与新梢生长交替进行。6—7月生长也较快，持续时间较长，夏季树基部培土或覆草能降低地温，减少地表水分蒸发，利于根系的生长。9月果实停止生长至开花之前又出现第二个生长高峰。12月至翌年2月初生长缓慢。

图1-6　油茶根系

第三节
油茶主要栽培物种

　　广义的油茶包括山茶属中具有经济价值的油用物种。我国油茶种质资源丰富，主要栽培物种为普通油茶，其栽培历史悠久，也是目前分布最广泛、栽培面积最大的油茶物种，普通油茶对气候、土壤具有广泛的适应性。除了普通油茶外，其他的栽培种有小果油茶、攸县油茶（*C. grijsii*）、越南油茶、南山茶（*C. semiserrata* C. W. Chi）、浙江红山茶、多齿红山茶（*C. polyodonta* How ex Hu）、博白大果油茶（*C. gigantocarpa* Hu et Huang）、滇山茶、茶梨油茶（*C. octopetala* Hu）等12种。

一、普通油茶

　　普通油茶，又叫油茶等，是目前我国油茶主栽物种，占油茶栽培总面积和总产量的85%以上。

（一）形态特征

灌木或小乔木，高2～4米。嫩枝被长柔毛；老枝无毛，黄褐色或褐色；大枝铁锈色，光滑。叶阔椭圆形，先端急尖至钝尖，基部楔形或较钝，长4～6厘米，宽1～3厘米；叶缘具锯齿，齿距1～4毫米；叶面光滑，叶背有少量毛，中脉无毛或被稀疏长硬毛；叶柄长3～6毫米，被长柔毛或微柔毛（图1-7）。花白色，直径5～7厘米，顶生或腋生；萼片约5片，背面被绢毛；花瓣5～7片，长2～5厘米，先端常有凹缺，背面有丝毛，至少在最外侧的有丝毛；雄蕊多数，外侧雄蕊仅基部连合；上位子房，有黄长毛；花柱无毛，先端三浅裂。蒴果球形、卵圆形、桃形，3～5室，果高2～3厘米，果径2～4厘米，果皮被短柔毛，厚2～3毫米。10—11月开花，翌年10月中下旬果实开始成熟。

图1-7 普通油茶树体（左）、结果枝（中）与营养枝（右）

（二）分布情况

普通油茶分布范围广，主要分布在江西、湖南、广西、广东、浙江、安徽、福建、贵州、四川、云南、湖北和河南等地，陕西、江苏和台湾等地也有栽培。普通油茶适应性广，是我国木本油料的主要栽培树种，喜生长于土层较厚（40厘米以上）的酸性沙质土壤，为喜光树种。海拔500米以下的丘陵山地是其适生区，在海拔800米的山地，也有不少天然分布林，甚至在海拔2 200米的四川西部高原的会东县，也有较大面积的栽培，开花结果正常。

（三）主要经济性状

平均单果重15 ～ 50克，鲜出籽率30％～ 55％，种仁含油率40％～ 60％。

二、小果油茶

小果油茶又叫单籽油茶、珍珠子、鸡心子和羊屎子等，分布面积和产量仅次于普通油茶。

（一）形态特征

灌木或小乔木，高2.5 ～ 5.0米。树皮褐色。新梢灰褐色，有细毛。分枝角度小，节间短，叶片较小，枝多叶密。叶片互生，革质，近无柄，椭圆形或卵圆形，长2.5 ～ 7.0厘米，宽1.2 ～ 3.5厘米，先端钝尖，叶缘锯齿比普通油茶浅。顶芽和叶芽的苞片为绿色。花白色，略小，花瓣5 ～ 9片，雄蕊2 ～ 3轮，柱头3 ～ 5裂或全裂。全果常有1 ～ 2个心室，1 ～ 3个胚珠发育成饱满的种子。蒴果10月上旬成熟，果径0.9 ～ 2.5厘米，球形或桃形，果皮较薄，每果常含种子1粒，有些含2 ～ 3粒。

（二）分布情况

主要分布在福建省福州市、南平市，江西省上饶市、赣州市、宜春市、抚州市，湖南省长沙市、怀化市，广西壮族自治区桂林市、柳州市，广东省韶关市、潮州市和贵州省铜仁市等地。小果油茶适应性较广，抗性较强，多与普通油茶混合生长在一起，能和普通油茶进行种间杂交。

（三）主要经济性状

平均单果重3.4～16.0克，鲜出籽率44%～58%，干籽出仁率66%～70%，种仁含油率40.02%～48.52%，盛果期产油30千克/亩以上。

三、攸县油茶

攸县油茶又叫长瓣短柱茶、薄壳香油茶等。

（一）形态特征

常绿灌木，高可达4～5米。树皮光滑，黄褐色或灰白色。叶质粗糙较厚，单叶互生，倒卵形或椭圆形，先端渐尖，锯齿尖锐，边缘密生细锯齿，叶背有明显散生腺点。花芽6—7月分化，翌年春季开放，惊蛰前后进入盛花期，花开时有栀子花香味，清明节前后为末花期。花瓣5～7片，白色，三角形，雄蕊花丝基部结合呈筒状，并与花瓣基部结合。柱头3裂，内藏不外露。蒴果椭圆形或圆形，果皮粗糙，有铁锈色粉末。

（二）分布情况

本物种的自然分布大致分为两部分：一部分在北纬26°26′

30″—27°26′30″，东经109°31′—113°41′，包括湖南省株州市、郴州市、衡阳市和湘潭市等地，以及江西省黎川县等地；另一部分在北纬32°30′—33°，东经108°30′—109°10′，包括陕西省安康市一带。此外，湖北省恩施土家族苗族自治州和贵州省赤水市、云南省广南县亦有分布，但多呈野生状态，混生于木麻黄、杉木、南烛、栎类、山矾等次生林中。

（三）主要经济性状

果小且独籽多，平均单果重6克（3.4～16克）；果皮极薄，0.2厘米左右，熟后3～4裂。鲜出籽率56.93%，种仁含油率37.05%，油质好，挥发性物质含量小于0.05%。

四、越南油茶

越南油茶又叫高州油茶、陆川油茶和博白油茶。

（一）形态特征

灌木或小乔木（图1-8），高4～8米。嫩枝被灰褐色柔毛，老枝秃净。叶厚革质，长椭圆形、卵形或倒卵形，叶长5～12厘米，宽2～5厘米；先端渐尖，基部楔形或略圆，表面发亮，反面有疏毛；侧脉10～11对，在叶表面下陷，在叶反面不明显，两面多瘤状小突起；边缘细锯齿；叶柄长约1厘米，略有短毛。花顶生或腋生，近无柄；苞片及萼片9片，萼片红色，阔卵形，由外向内逐渐增大，长0.5～3厘米，宽0.5～2厘米，先端凹入，背面无毛，边缘有毛；花瓣5～7片，倒卵形，白色，长4～6厘米，宽3～5厘米，先端2裂，雄蕊4～5轮，长12～17毫米，外轮花丝基部1～2毫米相连生，内轮花丝分离，

图1-8 越南油茶树花（左）与果实（右）

无毛；子房有长毛，花柱3～5，离生或先端3～5裂，有微毛。蒴果球形或扁球形，果高4～5厘米，果径4～6厘米，果皮青色，种子似肾形，6～10粒，棕褐色。11月开花，翌年10月果实成熟。

（二）分布情况

集中分布在广西壮族自治区玉林市、梧州市以南，以及广东省湛江市、海南省等地。以广西壮族自治区柳州市、玉林市及广东省高州市、海南省等地栽培面积较大。但在江西引种，表现为开花不结果。

（三）主要经济性状

平均单果重38.0克（25～140克），鲜出籽率48.7%，鲜果含油率13.29%，盛果期产油30千克/亩以上。

五、南山茶

南山茶，别名广宁红花油茶、广宁油茶等。

（一）形态特征

小乔木，高8～12米，胸径30厘米以上。树皮光滑，灰色，嫩枝无毛。叶革质，椭圆形或长圆形，长9～15厘米，宽3～6厘米；先端急尖，基部阔楔形，上面深绿色，干后浅绿色，无毛，下面同色；无脉，侧脉7～9对，在叶表面略陷下，在叶反面突起，网脉不明显；边缘上半部或1/3处有疏而锐利的锯齿，齿刻相隔4～7毫米，齿尖长1～2毫米；叶柄长1～1.7毫米，粗大，无毛。花顶生，红色，无柄，直径7～9厘米；苞片及萼片11片，花开后脱落，半圆形至圆形，最下面2～3片较短小，长3～5毫米，宽6～9毫米，其余各片长1～2厘米，外面有短绢毛，边缘薄；花瓣6～7片，红色，阔倒卵圆形，长4～5厘米，宽3.5～4.5厘米，基部连生7～8毫米；雄蕊排成5轮，长2.5～3厘米，外轮花丝下部2/3连生，游离花丝无毛，内轮雄蕊离生；子房被毛，花柱长4厘米，顶端3～5浅裂，无毛或近基部有微毛。蒴果卵球形，直径4～8厘米，3～5室，每室有种子1～3粒，果皮厚木质，厚1～2厘米，表面红色，平滑，中轴长4～5厘米，种子长2.5～4厘米。

（二）分布情况

喜温暖、湿润，适合于半荫蔽处生长。主要分布在广东省西江流域一带、广西壮族自治区的东南部、福建省闽侯县等地，以广东省广宁县较集中。

（三）主要经济性状

单果重200～1 200克，鲜出籽率12%～15%，种仁含油率59.9%～66.3%，盛果期产油8～10千克/亩。

六、浙江红山茶

浙江红山茶又叫浙江红花油茶等。

（一）形态特征

小乔木，高约6米，嫩枝无毛。叶革质，椭圆形或倒卵状椭圆形，长8～12厘米，宽2～6厘米；先端短尖或急尖，基部楔形或近于圆形，表面深绿色，有蜡质感且发亮，反面浅绿色，无毛；侧脉约8对，表面明显；边缘3/4有锯齿；叶柄长10～15毫米，无毛。花红色，顶生或腋生，直径8～12厘米，无柄；苞片及萼片14～16枚，宿存，近圆形，长6～23毫米，外侧有银白色绢毛；花瓣约7枚，先端2裂，无毛；雄蕊排成3轮，外轮花丝基部连生约7毫米，并和花瓣合生，内轮花丝离生，长30～35毫米，有稀疏长毛；子房无毛，花柱长约20毫米，先端3～5裂，无毛。蒴果球形或桃形，果径5～7厘米，3～5室，每室3～8粒种子。11月开花，翌年9月果实成熟（图1-9）。

图1-9　浙江红山茶果实（左）与花（右）

（二）分布情况

福建、湖南、浙江、江西、安徽等地均有分布，天然分布在海拔600～1 200米的温暖湿润高山地区。

（三）主要经济性状

平均单果重74.11克，鲜出籽率17.1%～21.6%，种仁含油率50%～63%，油脂中不饱和脂肪酸含量85%～88%。

七、多齿红山茶

多齿红山茶又叫宛田红花油茶、宛田油茶等。

（一）形态特征

常绿小乔木，单干直立，高4～5米，树皮灰褐色。小枝粗短，灰白色或褐色，无毛。单叶互生、革质，椭圆形或长椭圆形，长8～13厘米，宽3～5厘米；基部阔圆形或圆形，先端凸尖，短尾状，边缘有细密睫毛状锯齿，每边有60～70个；网脉叶面凹陷；叶柄粗短，长约1厘米。花深红色，较大，直径5.0～5.5厘米，杯状展开，无梗；花瓣脉纹明显，5～7片；萼片15，呈覆瓦状排列；雄蕊多数，花丝扁平，下部被银色茸毛，排列成2～4轮。蒴果圆形或梨形，褐色，直径4～10厘米。单果重100～380克，果皮厚1～2厘米。种子黄褐色，光滑。每个果实含种子9～15粒。

（二）分布情况

在广西壮族自治区桂林市、柳州市等地均有分布。

（三）主要经济性状

单果重30 ～ 120克，鲜出籽率12％ ～ 20％，鲜出仁率56％ ～ 68％，种仁含油率50％ ～ 56％，盛果期产油15 ～ 25千克/亩。

八、博白大果油茶

博白大果油茶，又名赤柏子，是云南省特有的木本油料树种。

（一）形态特征

小乔木，高5 ～ 10米。小枝无毛。叶薄革质，矩圆形至倒卵形，长7 ～ 13厘米，宽3 ～ 9厘米，无毛，叶面主脉凹陷；叶柄长6 ～ 8毫米。花白色，单独近顶生，直径12厘米；小苞片与萼片外面有淡黄褐色丝质毛；花瓣6 ～ 7枚，顶端有凹缺；雄蕊多数；子房3室，花柱3个，分离，有微细毛。蒴果球形，黄红色，直径7 ～ 12厘米，果皮有疣状突起。种子暗褐色。

（二）分布情况

分布在广西壮族自治区玉林市一带海拔500米以下的山腰、山谷、路旁和林中。耐阴、喜温、喜湿，适合于高温高湿的南亚热带气候下生长。

（三）主要经济性状

单果重400 ～ 1 000克，鲜出籽率12％ ～ 18％。种仁含油率34.08％ ～ 43.77％，盛果期产油15 ～ 25千克/亩。

九、滇山茶

滇山茶又名腾冲红花油茶等。

（一）形态特征

灌木或小乔木。嫩枝无毛，老枝光滑，灰色。叶椭圆形，先端渐尖，长5.5～11厘米，宽2.0～4.0厘米，边缘具疏齿；叶表面主脉和侧脉突起，带长茸毛。冬末春初开花，粉红色，花径6.5～10厘米；花柱3～5个，子房被茸毛。蒴果扁球形，底部有凹痕，果径2.5～4.5厘米，表面粗糙，鳞片状，3～5室。

（二）分布情况

分布在云南省保山市等地。

（三）主要经济性状

单果重60～100克，种仁含油率56.25%～58.94%，出油率高达30%～32%，盛果期优良单株产果量可达100千克。

十、茶梨油茶

（一）形态特征

常绿小乔木或灌木。叶互生，革质，边全缘，稀具齿尖，具叶柄。花两性，着生于枝顶的叶腋，单生或数朵排成近伞房花序状，花梗通常粗长；苞片2片，宿存或半宿存；萼片5枚，革质，基部连合；花瓣5片，覆瓦状排列，基部稍连生；雄蕊

30 ～ 40 枚，离生，排成 1 或 2 列。蒴果梨形或球形，果径 5.0 ～ 7.0 厘米，棕黄色，粗糙，具褐色斑点（图 1-10）。

图 1-10　茶梨油茶树体（左）与果实（右）

（二）分布情况

分布在福建省丽水市、宁德市、南平市、三明市，浙江省杭州市，江西省赣州市、上饶市等地，间断分布。

（三）主要经济性状

平均单果重 300 克，鲜出籽率 48.7%，鲜果含油率 10.18%，规模化种植盛果期产油 50 ～ 70 千克/亩。

第四节
油茶主要栽培良种

我国目前栽培的油茶品种都是经过长期自然选择和人工选择培育出来的。从油茶栽培的经济效益看，普通油茶比其他种

类具有较多的优良性状，因而在悠久的栽培历史中，普通油茶始终占种植的首位，成为我国分布最广、栽培面积最大的油茶物种。在普通油茶中，当前推广最多的良种是通过区域性试验和栽培推广应用后，经省级以上的专门林木品种审定委员会审定通过的，具有较好经济性状和利用价值，能取得较高的经济效益。目前全国已有260多个品种经过省级以上林木良种审定，现将当前推广较多的通过国家审定的主要良种做如下介绍。

一、赣无2（主栽品种）

1. **经济性状**　平均单果重27克，鲜出籽率47.5%，种仁含油率49.5%。规模化种植盛果期产油40～60千克/亩。

2. **典型特征**　树枝开张。叶片椭圆形或近圆形，黄绿色，叶脉较清晰。果近球形，果皮红黄色（图1-11）。

图1-11　赣无2树体（左）与果实（右）

二、赣兴48（主栽品种）

1. 经济性状　平均单果重15克，鲜出籽率42.5%，种仁含油率56.8%。规模化种植盛果期产油50～70千克/亩。

2. 典型特征　树枝紧凑。叶片椭圆形或圆形。果实常簇生，圆球形，红黄色（图1-12）。枝叶密，节间短。

图1-12　赣兴48树体（左）与果实（右）

三、赣无1（配栽品种）

1. 经济性状　平均单果重16克，鲜出籽率56.5%，种仁含油率61.2%。盛果期产油30～50千克/亩。

2. 典型特征　树形开张。果实鸡心形，绛红色（图1-13）。

图1-13 赣无1树体（左）与果实（右）

四、赣石83-4（配栽品种）

1. 经济性状 平均单果重14克，鲜出籽率48.3%，鲜果含油率11.9%。盛果期产油40～50千克/亩。

2. 典型特征 树形半开张。果实中等，桃形或圆球形，红色（图1-14）。

图1-14 赣石83-4树体（左）与果实（右）

五、赣石84-8（配栽品种）

1. 经济性状　平均单果重22克，鲜出籽率56.4%，种仁含油率59.6%。盛果期产油40～50千克/亩。

2. 典型特征　老叶叶色深绿，叶脉模糊。果实橄榄形，红色，有棱（图1-15）。

图1-15　赣石84-8树体（左）与果实（右）

六、长林53（主栽品种）

1. 经济性状　平均单果重28克，鲜出籽率50.6%，种仁含油率45.1%。盛果期产油40～50千克/亩。

2. 典型特征　自然圆头形，树体矮壮，枝条粗。叶片卵圆形，较厚，深绿色。果实黄中带红色，梨形，果柄有突起（图1-16）。

图1-16　长林53树体（左）与果实（右）

七、长林4号（主栽品种）

1. 经济性状　平均单果重25克，鲜出籽率50.1%，鲜果含油率6.7%。盛果期产油40～50千克/亩。

2. 典型特征　自然圆头形，枝叶浓密，叶披针形，叶正面主支脉突起。果倒卵球形，绿带红色，果棱明显（图1-17）。

图1-17　长林4号树体（左）与果实（右）

八、长林40（主栽品种）

1. 经济性状　平均单果重19克，鲜出籽率44.5%，种仁含油率50.2%。盛果期产油30～40千克/亩。

2. 典型特征　树体枝条直立，疏散分层株型。叶长椭圆形。果实黄绿色，卵球形，有三条棱（图1-18）。

图1-18　长林40树体（左）与果实（右）

九、长林3号（配栽品种）

1. 经济性状　平均单果重21克，鲜出籽率56.8%，鲜果含油率8.84%。盛果期产油30～40千克/亩。

2. 典型特征　枝条直立开张，枝叶较稀。叶片较小且尖。桃形果，黄色（图1-19）。成熟期果实不开裂。

图1-19　长林3号树体（左）与果实（右）

十、长林18（配栽品种）

1. 经济性状　平均单果重32克，鲜出籽率47.2%，鲜果含油率8.12%。盛果期产油30 ～ 40千克/亩。

2. 典型特征　自然圆头形。叶片黄绿色。花瓣边缘有红斑。果实圆球形或橘形，红色，俗称大红袍（图1-20）。

图1-20　长林18树体（左）与果实（右）

十一、赣州油1号（主栽品种）

1. 经济性状 平均单果重33克，鲜出籽率35.15%，鲜果含油率5.08%。盛果期产油40～60千克/亩。

2. 典型特征 树冠圆球形。叶片椭圆形，软厚革质，齿密而钝。果球形略扁，果皮光滑，青色（图1-21）。

图1-21 赣州油1号树体（左）与果实（右）（胡小康提供）

十二、湘林210（主栽品种）

1. 经济性状 平均单果重45克，鲜出籽率44.8%，鲜果含油率7.8%。盛果期产油50～70千克/亩。

2. 典型特征 树冠自然圆头形，叶片直立，椭圆形。果黄红色或青黄色、橘形或球形（图1-22）。

图1-22 湘林210树体（左）与果实（右）（陈隆升提供）

十三、湘林1号（主栽品种）

1. 经济性状 平均单果重40克，鲜出籽率46.8%，鲜果含油率8.87%。盛果期产油50～60千克/亩。

2. 典型特征 树冠自然圆头形。叶片深绿色，发亮，椭圆形。果黄红色，橄榄形（图1-23）。

图1-23 湘林1号树体（左）与果实（右）（陈隆升提供）

十四、湘林27（主栽品种）

1. **经济性状**　平均单果重30克，鲜出籽率48.7%，鲜果含油率10.18%。盛果期产油50～70千克/亩。

2. **典型特征**　树冠自然圆头形。叶片椭圆形。果黄红色，球形（图1-24）。

图1-24　湘林27树体（左）与果实（右）（陈隆升提供）

十五、华鑫（主栽品种）

1. **经济性状**　平均单果重52克，鲜出籽率51.72%，种仁含油率47.29%。盛果期产油45～70千克/亩。

2. **典型特征**　树冠圆头形，生长旺盛。果实红色，有光泽，扁球形（图1-25）。

图1-25 华鑫树体（左）与果实（右）（袁军提供）

十六、华金（主栽品种）

1. 经济性状 平均单果重49克，鲜出籽率38.67％，种仁含油率50.30％。盛果期产油40 ～ 65千克/亩。

2. 典型特征 树体生长旺盛，树冠近圆柱形。果实青绿色，梨形（图1-26）。

图1-26 华金树体（左）与果实（右）（袁军提供）

十七、华硕（主栽品种）

1. **经济性状**　平均单果重69克，鲜出籽率43.49%，种仁含油率49.37%。盛果期产油45 ～ 70千克/亩。

2. **典型特征**　树冠圆头形，株型紧凑。果实青色，扁球形（图1-27）。

图1-27　华硕树体（左）与果实（右）（袁军提供）

十八、岑软2号

1. **经济性状**　平均单果重29克，鲜出籽率40.7%，鲜果含油率7.06%。盛果期产油50 ～ 70千克/亩。

2. **典型特征**　树冠圆头形，枝条柔软。叶片披针形，叶面平展，嫩梢绿色。花白色。果青色，倒杯状（图1-28）。

图1-28　岑软2号树体（左）与果实（右）（叶航提供）

十九、岑软3号

1. 经济性状　平均单果重20克，鲜出籽率39.72％，鲜果含油率7.13%。盛果期产油50～70千克/亩。

2. 典型特征　冠幅紧凑，冲天状，枝条短小。叶片倒卵形，叶面平展，嫩梢红色。果青红色，球形（图1-29）。

图1-29　岑软3号树体（左）与果实（右）（叶航提供）

二十、义禄香花油茶

1. 经济性状　平均单果重8.73克，鲜出籽率55%，鲜果含油率10.1%。盛果期产油60～80千克/亩。

2. 典型特征　树冠圆球形。叶小，披针形或椭圆形，部分叶片具波浪，基部钝圆。果黄绿色、球形（图1-30）。

图1-30　义禄香花油茶树体（左）与果实（右）（叶航提供）

二十一、义臣香花油茶

1. 经济性状　平均单果重10.54克，鲜出籽率53.97%，鲜果含油率10.44%。盛果期产油60～80千克/亩。

2. 典型特征　树冠圆柱形。叶小，长椭圆形。果黄绿色，球形无棱，果脐较平（图1-31）。

图1-31 义臣香花油茶树体（左）与果实（右）（叶航提供）

第二章 PART TWO

油茶良种壮苗繁育技术

目前，油茶良种苗木繁育主要是通过无性繁殖方式，即利用油茶的营养器官（根、茎、叶、芽）培育苗木，从而保留良种特性，提早开花结实。良种苗木繁育过程中主要采用芽苗砧嫁接技术，该项技术的推广和应用使优良无性系得以大批量繁殖，为油茶产业化工程的启动奠定了优质苗木的基础。根据出圃时苗木的根系是否裸露在外面，无性苗木可分为裸根苗和容器苗。

第一节
裸 根 苗

一、种子的采集与储藏

采收回来的成熟油茶果经阴干2～3天（图2-1），选出粒大饱满的种子（500～600粒/千克）。种子用100毫克/升高锰酸钾消毒，用沙子分层或混合堆积方法储藏，沙和种子的体积比为2∶1，层数不要超过3层，储藏高度不要超过80厘米，保持沙子湿润（含水量5%～10%），其间注意防止种子发霉和鼠害。

图2-1 种子采集与晾晒

二、芽苗砧培育

12月初至翌年2月底，用干净的中等（粒径0.25～0.50毫米的颗粒占50%以上）粗河沙铺在排水良好的室外场地上做成沙床，沙床规格按照不同催芽方式要求铺即可，将选好的种子分批放入多菌灵溶液中消毒30分钟（图2-2）即可沙藏催芽（图2-3）。沙藏催芽分单层法和双层法，有足够场地的话尽量用单层法，这样砧木发育的根系比较粗壮。

1. 单层法 床宽1.2～1.5米，长度不超过20米，底层沙12～15厘米，均匀铺放种子5～6千克/米²，上面盖沙8～10厘米。这种方法较常用。

2. 双层法 床宽1.2～1.5米，长度不超过20米，

图2-2 种子消毒

图2-3　沙藏催芽

底层沙10厘米，铺放第一层种子后盖沙厚度6厘米再铺第二层种子，种子用量4～5千克/米^2，上面盖沙8厘米。

　　沙床做好后，在沙面上喷施杀菌剂，在沙面上覆盖杉木枝条以防家畜危害。若种子萌发过早，接穗没跟上，可在芽床上加盖一层湿沙，以延长出土期。若种子萌发过慢，可每隔2～3天洒温水1次催芽，使芽苗砧期与接穗吻合。

三、圃地准备

　　选择地形平坦、光照充足、排灌良好、风速较小、沙质壤土处作为圃地（一般以水稻田为佳），春节前深翻整地，深度不小于30厘米，除去杂草，7～10天后施肥（每亩施入生石灰50千克、有机肥1.5～2吨）并均匀翻入土壤中（图2-4）。同时，准备高25厘米、宽1.2米、长20米以内的苗床，床之间的步道沟宽30厘米，开设中沟（宽40厘米，深度比步道沟深10厘米）。

图2-4　基质准备

四、架设遮阴棚

在苗床备好后、栽植苗木之前（图2-5、图2-6），架设棚高在2.0米左右的遮阴棚，棚支架即木桩埋设在沟中，深度30厘米

图2-5　架级遮阴棚并整地

图2-6　作　床

以上，间距为4.0米×4.5米，铁丝标号一般为8#或10#，遮阴度为80%。

五、接穗采集与贮藏

接穗必须是国家或省级已审定的良种，采穗通常在5月中旬至6月下旬的阴雨天气或早晚阴凉时段进行采集。采穗时要分品系（无性系）采集，选择树冠外围向阳处、当年无病虫害、叶芽饱满的粗壮半木质化春梢。穗条采回后插入湿沙中可较好地保存5～6天，最好随采随用（图2-7）。

六、嫁接准备

嫁接前1周内把苗床的土整细，清除杂草、草根，在上面覆盖一层2～3厘米厚的黄心土，表面撒杀虫剂以防虫害。不覆盖黄土的苗床至少要提前1个月喷施乙草胺，并在栽苗时喷

图2-7　接穗采集

洒25％硫酸亚铁溶液以增加土壤酸性。同时准备好嫁接所需要的材料工具：单面嫁接刀片、盆（放切好的穗条）、毛巾（保湿嫁接苗）、洒水壶（浇水用）、小木块（10厘米×10厘米，切砧用）、塑料筐（盛放苗木）、嫁接工作台（如桌子）。

（一）嫁接时期

嫁接时间一般在5月上中旬至6月底。待砧木长到3～4厘米高，接穗进入半木质化时，开始嫁接。

（二）嫁接程序

1.起砧　在催芽的沙床内，用手轻轻挖起砧苗，再用清水将砧苗上的沙子冲洗干净（图2-8）。起砧时注意不要伤及嫩茎碰落茶果。

图2-8 起 砧

2. 切砧 在砧苗种子上部2～3厘米处切断，对准中轴切下1刀，深1.2～1.5厘米（图2-9），砧苗根部保留6～8厘米。如果被切除的根基比较粗壮，且长度有6厘米以上，则可以再次作为砧木使用。

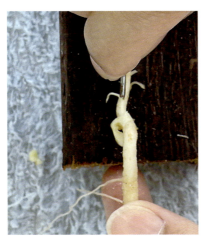

图2-9 切 砧

3. 削穗 在腋芽两侧的下部0.5厘米处下刀，削成两个斜面，呈楔形，削面长1.0～1.2厘米，再在芽尖上部0.1～0.2厘米处切断，剩1芽1叶，接穗上的叶片保留2/3左右，放入湿毛巾或水盆中（图2-10）。

图2-10 削 穗

4. 插穗和绑扎 将砧木切口处靠在铝片正中间，铝片与砧木上端切口要平齐，把削好的接穗从砧木切口处插入，接穗与砧木至少一边对齐，接穗的切面留0.1厘米左右不要插入砧木中，再把铝片两侧同时向内包裹，再用手指将铝片掐紧（松紧程度以手轻轻拔穗条不脱落为宜），最后将铝片反复对折成活扣，放入保湿筐内（图2-11）。

七、栽植

将接好的苗木以株距4厘米、行距8厘米植入苗床（8万～10万株/亩），栽植深度是以把砧苗的种子刚埋入土内为宜，然

55

后将土压紧，用喷壶浇透水后喷施杀菌剂，插入竹弓架，在架上盖上薄膜，四周用土压紧密封（图2-12）。

图2-11　插穗和绑扎

图2-12　栽　植

八、栽后管理

（一）苗床管理

苗木嫁接后至炼苗前，其间要每天对苗床进行观测，注意温度及湿度，保证所覆盖的薄膜严格密封，如有破口必须用胶带粘贴完好。温度过高、湿度偏小则在夜间对苗田进行漫灌；湿度过大则开沟排水。若发现苗床杂草较多（已影响到嫁接苗木的正常生长）或出现病斑，则揭开一边的薄膜尽快清除杂草、病斑后浇透水，待叶片干后，喷施多菌灵或代森锰锌并盖好薄膜。

（二）炼苗

嫁接45 ~ 60天后（嫁接苗的芽已基本膨大，且有15% ~ 20%的苗木抽出的新梢达到3厘米以上）就必须进行炼苗。18时以后打开两头薄膜，翌日早上9时之前放下，同时对两头嫁接苗补充水分，如此持续3 ~ 5天后，把薄膜全部揭开，尽快清除杂草和病斑、剪除萌芽枝条后浇透水，喷施50%多菌灵可湿性粉剂或代森锰锌800 ~ 1 000倍液。

（三）苗木抚育管理

1. 浇水 揭膜后的1个月必须每天对苗床浇透水（下雨天除外），以后浇水时间则视苗床湿度而定，保持容器杯基质含水量71%% ~ 80%，间隔时间逐步拉长。

2. 施肥 在揭膜1周后，苗木已完全适应外界环境，此时必须进行追肥（图2-13），尿素或复合肥的浓度为0.5% ~ 1%，以浇施或喷施为主，7 ~ 10天施1次。进入9月，停止施尿素或复合肥，改施磷酸二氢钾，浓度为0.2% ~ 0.5%，施2次后停止。

图2-13　追　肥

3. 除杂、除萌　对杂草、萌芽条的清除本着"除小、除了"的原则，从揭膜至10月该项工作要进行5～6次（图2-14）。

图2-14　除　萌

4. 揭除遮阳网　9月下旬至10月上旬，天气转冷后揭除遮阳网。

5. 病虫害防治　防治病害以甲基硫菌灵、多菌灵、代森锰锌为主，每月使用2次；防治地老虎以敌百虫为主，每月使用1次；防治其他虫害以联苯菊酯、三氟氯氰菊酯为主，每月使用2次。

第二节
容 器 苗

一、一年生或二年生容器育苗

（一）容器袋的准备

选用可降解无纺布制成的无底容器。容器规格，培育一年生容器苗，用直径4～5厘米、高8～10厘米的容器；培育二年生容器苗，用直径6～8厘米、高10～12厘米的容器。

营养土的材料应就地取材、来源丰富、质地良好、成本低廉，并根据当地育苗习惯合理确定。主要配方材料有壤质黄心土、次生阔叶林表层土、泥炭土、冻垡塘泥土、堆沤锯木屑、珍珠岩或蛭石、火烧草皮土和圃地土等。材料配方比例为黄心土占50%，其他占50%。在芽苗移栽前30天进行机械化装填营养土及摆床（图2-15）。

图2-15　容器袋的准备

（二）容器苗床准备

苗床选择在运输方便、排水良好的地方，一般摆成宽1.0～1.2米、长8～10米、步道宽0.3～0.5米的高床，做到排列整齐、横竖成行、床面平整。嫁接前喷湿容器苗床，要求将容器袋喷透，用薄膜盖好，注意不可淋雨。上方架设1.8～2.0米高的遮阴棚，透光度控制在20%左右。

（三）嫁接

嫁接方式同第二章第一节裸根苗。

（四）栽植

将嫁接好的芽苗栽植在容器内，栽植深度以把苗砧上的种子刚埋入土内为宜（图2-16），嫁接口露在土外，若根太长，可保证6～7厘米长，其余截去，必须使胚根与土壤紧密接触。然后将土压紧，用喷壶从旁边慢慢淋水灌透，结合用50%多菌

图2-16　栽　植

灵可湿性粉剂800 ～ 1 000倍液或50％甲基硫菌灵可湿性粉剂400 ～ 600倍液进行消毒。注意不能用水龙头直接喷水，以免使苗偏斜。

（五）拱棚

容器苗摆放好后，按1.5 ～ 2.0米的间距插1竹弓，盖上薄膜，拱棚高度50 ～ 60厘米，薄膜周围用土压紧，注意不可透气。40天内尽量不要打开薄膜，其后观察薄膜水珠与土壤干湿度来判断是否缺水，再决定灌水时间。一般发芽时间是20天左右。

（六）栽后管理

栽植后的管理同第二章第一节裸根苗。

二、容器大苗培育

（一）容器袋的准备

选用不封口、带底的无纺布容器，大小根据培育苗木规格来确定。在保证苗木规格和造林成效的前提下，尽量采用规格较大的容器。培育三年生容器苗，用直径12 ～ 15厘米、高15 ～ 18厘米的容器；培育四年生容器苗，用直径18 ～ 20厘米、高20 ～ 22厘米的容器。育苗基质配比（按体积）：40％泥炭＋50％黄心土＋10％珍珠岩（或谷壳），见图2-17。

（二）容器苗床准备

育苗地应选择在交通方便、水源充足、排水良好、通风透光的平坦地或缓坡地。清除杂草、石块、翻耕、平整土地。周围开挖边沟，如地块大，中间开挖中沟，做到内水不积，外水

图2-17　育苗基质准备

不淹。按苗床宽1.0～1.2米，床高10厘米左右，步道宽40厘米，苗床长度依地形而定，一般不超过15米作床。

（三）移植

移植通常在早春或晚秋休眠期进行为宜。将已培育好的一至二年生油茶大田苗或容器苗进行移栽或更换容器继续培育，其中一年生或二年生大田苗应选苗干粗壮、根系发达、顶芽饱满、无多头、无病虫害、色泽正常、木质化程度好的壮苗，每个容器袋内移植1株苗；一年生或二年生容器苗应选芽饱满、无病虫害、色泽正常、木质化程度好的壮苗，每个容器袋内移植1株苗。

移植前应进行修根。一年生苗移植时用小木棍引眼后栽植于容器袋中间，用手轻轻压实；二年生苗容器袋底部装少量轻基质后，将已整理好的嫁接苗放入容器袋中再装满基质，扶中、扶正、压实后再装满营养土，整齐摆放于整理好的苗床上。摆放完成后及时用步道内湿润的泥土进行容器袋四周培土封边处理（图2-18）。一年生苗移植可培育二年生或三年生容器大苗（图2-19）；二年生苗移植可培育三年生或四年生容器大苗（图2-20）。

图2-18 移 植

图2-19 三年生油茶嫁接苗

图2-20　四年生油茶出圃的嫁接容器苗

（四）栽植后管理

1. **水分管理**　移植完成后浇透苗木定根水，培育期保持基质湿润。苗木生长速生期浇水每次应浇透，待基质达到一定的干燥程度后再浇水；生长后期控制浇水。如连续干旱天气应采取漫灌或喷灌方式保持基质湿润。如连续降雨，应及时对苗地进行清沟排水。

2. **病虫害预防**　浇透定根水后喷施1次防菌剂与杀虫剂。

3. **苗床除草、封边**　直接摆放于育苗床上填满基质的容器杯和苗木，并在定植完成后的苗床四周应用步道内湿润的泥土进行1～2次封边，并在步道内喷施除草剂。

4. **追肥**　全光照培育苗木1周后开始追肥。早期以氮肥为主，施用尿素＋复合肥（体积比为1∶1）；8月以后追肥仅施复合肥，复合肥以高含氮磷钾的硫酸钾肥为宜。追肥可结合浇水洒施，浓度不高于0.5%，每隔15天洒1次。也可在春、夏、秋梢抽发前选择雨前或阴雨天进行撒施，少量多次，视苗木长势控制每次施肥用量。根外追肥喷施0.2%磷酸二氢钾，每月喷1～2次。

5. **除萌抹花芽**　平时管护过程中应及时除去砧萌，花芽分化后期至开花前应及时将膨大的花芽抹去。

6. 除草 应做到"除早、除小、除了"，容器内、床面和步道上应无杂草（图2-21）。

图2-21 除 草

7. 切根 应在每年11—12月移动1次容器，截断伸出容器外的根系。

8. 扩床 扩床时间应根据苗木生长状况而定，苗木生长停止后或苗木进入休眠期后春梢萌动前进行。移动容器使容器与容器之间相隔10厘米。无滴灌或喷灌设施的，容器间空当用基质或苗床土填满。扩床可结合切根一起进行。

第三节
苗木出圃与储运

良种苗木出圃时需经由市、县两级林业行政主管部门验收苗木质量，并发放油茶苗木产地检疫合格证、质量检验合格证、

标签等，方可出圃、销售、运输。为保证苗木的造林存活率较高，苗木出圃时须注意如下事项：

一、苗木选择

根据造林要求选择符合出圃标准的苗木（表2-1）。

表2-1　油茶合格苗木等级规格指标

苗木类型	苗木等级							
	I级苗				II级苗			
	苗高（厘米）	地径（厘米）	有效分枝	主、侧根分布	苗高（厘米）	地径（厘米）	有效分枝	主、侧根分布
二年生实生苗	25	0.3	3	侧根发达均匀，不结团	15	0.2	2	侧根发达均匀，不结团
二年生嫁接苗	40	0.4	3	根球完整，侧根发达均匀，不结团	25	0.3	2	根球完整，侧根发达均匀，不结团
三年生嫁接苗	70	0.8	5	根球完整，侧根发达均匀，不结团	60	0.6	5	根球完整，侧根发达均匀，不结团
四年生嫁接苗	100	1.2	8	根球完整，侧根发达均匀，不结团	80	1.0	6	根球完整，侧根发达均匀，不结团

二、苗木包装

起苗时保持容器和根球完整。如遇连续干旱应浇水或漫灌，在容器杯充分湿润后出圃。直径15厘米（含）以下的容器苗采用单面编织袋平卧式分层打包包装。直径15厘米以上的容器苗

适合用单个食品袋分株包装或用特制箱筐包装，堆叠式装运，减少主干、侧枝、枝叶损伤。

三、苗木运输

苗木起运的关键是保护根系、保持水分。运输前应将起出的苗木根部用塑料袋包扎保湿，并避免运输过程中长时间堆积重压、风吹日晒及冻害。应尽量缩短运输时间。运苗适合用厢车，否则要加盖篷布，以夜间运输、翌日上午栽植最佳。油茶苗在车上时间不得超过18小时，选择距离造林地最近的苗圃调运苗木，结合劳力情况做到随起随运随栽，"看天起苗、运苗、栽苗"及"看劳力起苗、栽苗"。

四、苗木处理

苗木适合随起随栽，当天未栽的苗木必须假植以保护苗木根系；在排水良好的地块开沟，将苗木根部或容器袋和苗杆下部埋在湿润的土壤中，以提高其再栽植的成活率。

五、档案管理

建立纸质或电子版的技术和管理档案，记录基质材料与配方、容器种类与规格、穗条品种与来源、生产管理措施及物料使用情况、苗木出圃各环节技术资料，最后归档。

第三章 PART THREE

油茶丰产高效栽培技术

我国油茶林分布范围广，栽培面积大，但经营粗放，产量高低相差悬殊，极不平衡和稳定，综合利用率也不同。油茶平均亩产山茶油20～30千克，高的可达50千克以上，低的只有2～3千克。因此，应加强经营管理，搞好造林规划和良种选择，并创造丰产条件，提高单位面积产量和经济效益，逐步实现油茶林丰产、稳产。

油茶丰产高效栽培技术措施主要包括选地与整地、良种选用与配置、打穴与种植、水肥管理、中耕抚育、引蜂授粉、修剪整形等。

第一节
选地与整地

一、林地调查

根据油茶生物学和生态学特性以及丰产高效栽培的要求，要对拟开发建设的林地总体状况进行调查与评估。林地调查的内容有：土壤状况，土壤养分、水分、质地及其相关的土壤理化性状等；气象因子，包括温度、降水量、蒸发量、无霜期、年日照时数、太阳辐射、最高温度、最低温度、平均气温≥

10℃积温、全年降水量、汛期降水量、平均风速等；社会环境因素，包括乡规民约、社会公共道德标准和法律等。

二、林地选择

油茶喜光、喜温、喜酸性土，忌严寒酷暑和碱性土。虽然油茶对造林地生长条件要求不严格，在我国南方红壤、黄壤均能生长，凡生长有杜鹃、芒萁、杉木、茶、马尾松等植物的丘陵、山地，都可选为油茶造林地，但是要保证油茶早实、丰、高效，就必须满足一定温度、水分和肥力条件，如山地红壤、黄红壤地，土层深厚（60厘米以上），疏松、肥沃、湿润、排水良好的酸性土壤，地下水位在1米以下，pH 5 ~ 6.5。海拔高度以100 ~ 500米的丘陵、山岗、平原地区为宜；选择阳光充足的阳坡和半阳坡，林地坡向以南向、东向或东南向以及开阔、无寒风的地方为好；坡度以25°以下的中、下坡为宜，避免选择高山、长陡坡、阴坡、积水低洼地和油茶林的重茬地。

三、林地整理

整地是油茶造林的重要环节。整地可以改良、疏松土壤，提高土壤蓄水能力和通气状况，加速土壤中有机质的分解，提高土壤肥力，为油茶根系的生长发育创造良好的条件。整地的质量直接影响油茶造林成活率和林木生长。特别是土层较浅薄的山地，整地能加速岩石风化和土壤熟化，增加耕作层的深度，有利于保蓄水分、增加有机质。

（一）整地时间

整地四季都可进行，应在准备造林前一年或半年进行整地，

最好是上一年的夏、秋季开荒和翻地。不能边整地、边造林，甚至不整地直接造林。

（二）整地方式

整地前期，必须清除林地上的杂草、灌木和树蔸。杂草清除方式可以采用人工清理，也可采用机械或喷施化学除草剂的方式进行清理，但不宜采用火烧炼山的方式。

根据林地立地条件、地形、坡度以及经营方式、资金、劳力等情况，因地制宜选择全垦、带垦和穴垦等整地方式。

1. 全垦　在坡度小于10°的平地、缓坡地提倡全面整地，实施全垦（图3-1）。全垦整地适合推广使用机械化作业，整地深度必须超过20厘米。清除石块、树根等杂物，等高种植。全垦后再按2米行距水平环山撩壕，壕沟深60～70厘米、宽50厘米，或环山定点挖穴，种植穴规格为60厘米×60厘米×60厘米。

图3-1　全垦整地

2. 带垦　按一定的种植行距，沿等高线水平开带，外高内低，带宽2米，带上按株行距定点挖穴（图3-2），规格同全垦。

图3-2　带垦整地

3. 穴垦　沿等高线按株行距定点挖穴（图3-3），规格同全垦。

图3-3　穴垦整地

4. 撩壕　又叫抽槽或沟带整地。是沿等高线从下而上开挖沟槽，把心土堆在下坡，筑成土埂的一种整地方式（图3-4）。撩壕规格80厘米×80厘米以上。

图3-4　撩壕整地

（三）基肥埋施

为了提高土壤肥力，促进苗木生长，提前达到高产目标。

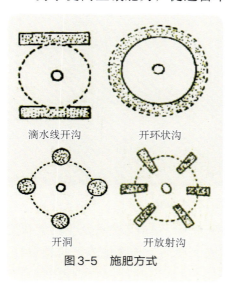

滴水线开沟　　　开环状沟

开洞　　　开放射沟

图3-5　施肥方式

施肥方式一般采用油茶两侧树冠滴水线开沟施（沟长100厘米、宽20厘米、深20厘米），或在树冠下开环状沟（宽20厘米、深20厘米）、开洞（半径30厘米、深30厘米）、开放射沟（沟长30厘米、宽20厘米、深20厘米）方式施肥（图3-5）。每栽植穴施入有机肥（有机质含量45%以上）10～15千克或菜枯饼3～5千克、钙镁磷肥0.5 ~ 1.0千克、硼肥10 ~ 20克，与表土充分拌匀，覆土高出地表10 ~ 15厘米（图3-6）。将穴填满呈馒头形，肥土要混合均匀，农家肥要充分腐熟后使用，施肥量20 ~ 20千克。

图3-6　施肥方法

第二节
良种选用与配置

良种是丰产的基础，是油茶林达到高产、优质、高效的前提。选用良种壮苗上山造林可以提高造林成活率，促进生长，能降低幼林阶段的抚育管理成本。目前，我国南方各省选育了一批高产优质无性系油茶，且具有适应性强、抗性好等优点；其他还有一些优良的农家品种与类型，如石市红皮油茶、宜春三角枫油茶、宜春白皮中子油茶、观音桃油茶和茅岗大果油茶等。油茶的生长期很长，一次种植，百年受益，因此选用良种特别重要。

一、良种标准

油茶良种标准主要涉及树木生长状况、产量、果实品质及抗逆性等方面。

（一）高产稳产

按冠幅面积乘积计算，连续2～3年每平方米年均鲜果产量1.2千克以上，每平方米年产油量≥0.8千克，大小年幅度差异在40%以内。

（二）高含油率

鲜果出籽率≥40%，干出籽率≥20%，干籽出仁率≥55%，种仁含油率45%以上，鲜果出油率6.4%以上。

（三）油质优

油脂酸价在3.0以下，油酸含量≥78%。

（四）抗逆性强

具有较强的抗病能力，炭疽病感染率小于3%。

二、良种选用

应根据当地情况，从国家林业和草原局（国家公园管理局）规定适合当地的油茶主推品种中挑选，以满足以下3点为标准：

（一）地域适应

油茶优良无性系尤其是油茶农家优良品种都具有一定的生

态条件，即一定的地域性。各地的气候及立地条件有所差异，应选择适应当地生态条件的优良品系。

（二）配置品质

油茶异株授粉受精率最高，质量最优。因此，栽植油茶无性系要选择杂交亲和性好，坐果率高的3～5个无性系配植造林。

（三）花期一致性

所选多个油茶优良品系的花期、成熟期要基本一致，便于达到较高的成果率。目前，良种推广应用的途径主要有2种：一是育苗补植和造林；二是高冠换种改造，来实现花期一致的主、配栽品种。

三、良种配置

（一）授粉品种配置

油茶属于异花授粉树木，单一良种或品系造林模式不利于提高授粉结实率，需要选择3个以上花期基本一致的良种或品系混栽。若花期不一致的良种混栽，则不利于授粉，更不利的是果实成熟时间会相差半个月，造成后期难以统一采摘，采收工作量增加。

（二）主栽品种与配栽品种配置

主栽品种选择生物性状和经济性状最好的良种，并且栽培比例应高一些，充分发挥其丰产优势。配栽品种可选择产量略低但能发挥授粉作用的品种，例如长林53、长林40、长林4号产量高，在主栽时这三个品种可占80%，其他配栽品种长林3号与长林18只占20%。

第三节
苗木质量标准

　　高质量苗木更有利于快速形成树体结构，早日进入生产阶段，在采穗圃建设中一定要保证品种100％准确。苗木应以二年生或三年生以上的轻基质容器大苗造林，以缩短达产期。二年生油茶嫁接苗质量标准参考本书中表2-1（P66）；三年生轻基质容器苗苗高≥60厘米，地径≥0.8厘米，分枝合理。基质要求配方科学，容器口径应不小于18厘米，所育苗木要求根团完整，主根须根发达并与基质紧密结合，生长健壮，无检疫对象（图3-7）。

图3-7　苗木根系（左）与圃地（右）

　　除了注意苗木大小规格外，还应注意苗木新鲜度。起苗时间过早、存放时间过长会使苗木过度失水，从而导致造林成活率明显下降，缓苗时间较长。

第四节
打穴与种植

一、打穴堆土

入秋后可定点打穴，但时间至少要在栽植前1个月左右。规格60厘米×60厘米×60厘米以上，穴底施商品有机肥做基肥。基肥以饼肥或复合肥为宜，必须在种植穴中施入商品有机肥（有机质含量≥45.0%）、饼肥或厩肥，商品有机肥用量10.0～15.0千克/穴，饼肥用量3.0～5.0千克/穴，厩肥等农家肥用量20.0～30.0千克/穴。饼肥和厩肥等农家肥施入前应充分腐熟以免发生肥害，还可拌入少量杀虫剂以防病原菌和地下害虫。基肥中可掺入适量磷钾肥或复合肥以平衡和增强肥效。施肥时应结合表土回穴，先将土、肥充分搅匀回填穴内，再填新土返穴呈高出地面15厘米左右馒头状，以避免整地后土质疏松，春雨连绵后在栽植苗木周围易形成积水坑，导致油茶积水死亡（图3-8）。

图3-8　打穴与回填

二、种植密度

油茶优良品系单株产量高，株数配置合理便能有效地形成群体产量。

1. 坡度10°以下适合栽55株/亩，株行距3.0米×4.0米。

2. 坡度10°～25°适合栽63～74株/亩，行距3.0米，株距3.0～3.5米，"四旁"栽植株间距不小于3.0米。

三、种植品种与品种比例

赣无系列主栽品种为赣无2、赣兴48，授粉树品种为赣石83-4、赣石84-8、赣无1；长林系列主栽品种为长林53、长林4号、长林40，授粉树品种为长林3号、长林18；赣州油系列主栽品种为赣州油1号、GLS赣州油1号，授粉树品种为GLS赣州油4号、赣州油7号、赣州油10号。主栽品种占80%～90%，授粉树品种占10%～20%。

四、适时栽植

油茶栽植后能否成活与栽植季节关系密切，应根据当地气候条件，选择苗木地上部分生长休眠期（冬季）或春雨时期栽植。一般在十月"小阳春"（10月中旬至11月）或立春至惊蛰两个节气之间（2月下旬至3月上旬）植苗造林，效果较好（图3-9）。选择在阴天栽植，可减少起挖苗木、装车与运输环节的失水。

图3-9　适时栽植

五、栽植技术

　　苗木栽植前需将容器浇透水，不易降解的容器必须剪开。苗木定植在穴正中央，要求栽紧、栽实并适当深栽，覆土以超过苗木嫁接口上方5厘米为宜。将苗木放入穴中央、扶正，填土四周挤压实，再覆盖表土5厘米左右，栽后宜浇定根水（图3-10）。栽植时应避免伤根和基质散落。

图3-10　油茶苗木栽植过程

第五节
水肥管理

一、水分管理

　　夏、秋季油茶种植区通常高温少雨，降水量多低于300毫米，成为油茶幼林成活和生长结实的主要限制因子。夏、秋季正值油茶果实膨大和油脂转化的关键时期，若遇上严重干旱，将造成油茶减产30%以上，甚至绝收，严重影响果实产量和品质（俗称"七月干果，八月干球"）。油茶旱季喷灌可提高产量51.1%、降低落果13%，因此加强水分管理是油茶丰产高效栽培的关键技术措施之一。每逢干旱时期需给油茶林补水，早、晚进行，推广节水灌溉技术。

　　目前，一般油茶种植区（水源不丰富地区）主要在春抚进入伏天前利用稻草、锯末或地膜等覆盖在油茶幼树基部保水，且能抑制杂草生长，同时使地表温度降低 1 ～ 2℃，土壤含水量增加 1% ～ 3%。集约化经营地区可以建设供水设施，进行林地灌溉，主要在 7—9 月油茶生长高峰期加强灌溉，可以有效减少油茶落果和提高果实含油率（图 3-11）。

图3-11　林地营建蓄水池（上）与树体覆草（下左）、覆膜保墒（下右）

二、养分管理

（一）培肥地力

土壤是油茶林提质增效的关键，"养根壮树，根深才能叶茂产果"，要提高油茶产量，必须先提升林地肥力。土壤肥力因子包括有机质含量、酶活性、养分含量、微生物群落及水源涵养能力，其中土壤有机质含量是限制油茶产量的主要因子。因此，提高油茶林地土壤有机质含量是产量提升的关键措施。当前，栽培绿肥、施用有机肥或农家肥等生态措施，可有效提高油茶林地有机质含量。

（二）施肥

油茶施肥一年四季都可以进行，其结合冬季挖山、夏季中耕为好。春季多施氮肥，可采用施固态肥与喷液态肥（无人机或喷药设施）；在油脂转化期适当增施钾肥，促进抽梢、发叶、壮果、保果；夏季多施磷肥；秋季多施磷、钾及硼肥，以壮果、长油、促进花芽分化及提高秋季坐果率；冬季多施磷、钾肥，以固果、防寒。氮、磷、钾肥比例以10：6：8为宜。

春、夏期间，根外喷洒2%过磷酸钙浸出液（还可加1%硫酸铵），可以促进花芽分化和减少落花落果；夏秋之间进行根外追肥，有利于油脂转化、提高含油率。根外追肥，溶液应该喷在叶片背面，必要时在溶液中加入湿润剂，帮助肥料留在叶片上，提高吸收效果。大年多施氮、磷肥，以促进保果、长油和抽梢；小年多施磷、钾肥，用以保果和促进花芽分化。施肥时要注意酸性与碱性错开施用，以免丧失或延迟肥效。

1. 油茶幼林期施肥　苗木栽植后第2年起每年追肥1～2次，连续施肥到第4年。每年3月初以施有效氮肥为主，如尿素每株

0.25 ～ 0.5千克，兑水施入；每年11月以后，选择商品有机肥、饼肥或厩肥隔年施入，施用量分别是2.0 ～ 3.0千克/株、1.0 ～ 1.5千克/株、3.0 ～ 5.0千克/株。春季施肥选择在阴雨天或雨前，在植株上坡或两侧距蔸部20 ～ 30厘米处开挖25 ～ 30厘米深的沟，或用机械钻孔施入，肥料与土拌匀后施入，并及时覆土。应按树龄增长逐渐增加施肥量。推广测土配方与平衡施肥，适量、减量施用化肥，提倡多施有机肥，严控使用重金属超标的肥料。

2.油茶成林期施肥　每年春季沟施复合肥0.5 ～ 1.0千克/株，冬季沟施有机肥（有机质含量在45%以上）10千克/株，每2年施1次。大年以磷、钾肥和有机肥为主，小年以磷、氮肥为主（图3-12）。花期可追施浓度为2%的硼肥或磷酸二氢钾，以提高坐果率。

图3-12　油茶林施固态肥（上）与液态肥（下）

三、水肥一体化技术

水肥一体化是以提高油茶果和山茶油产量为目标，以节水、减肥、增效为目的，按照加强生态文明建设、转变产业发展方式的要求，着力推进水肥一体化技术本土化、轻型化和产业化。深入推进工程措施与农艺措施结合、水分与养分耦合、高产与高效并重，实现水肥高效利用，提升林地质量，促进产业的高质量发展。

（一）首部系统

1. 水肥一体化灌溉首部设备　一般油茶林每100亩灌溉池需安装7.5千瓦的恒压水肥一体化灌溉首部设备1台，具有恒压灌溉和自动施肥功能。

2. 控制装备　设备应集成水泵恒压系统、过滤系统（砂石＋叠片过滤器）、灌溉施肥控制系统、监测预警保护系统等。具备条件的油茶林可与物联网系统相匹配，实行精准远程控制。

3. 过滤器　根据水源水质和灌溉装置的特点，合理配置过滤系统，必要时采用多级过滤。

4. 灌溉池建造　在油茶林中依据适宜地形、水源地与灌溉面积建设灌溉池。一般油茶林每100亩设置灌溉池1个，每座蓄水量不少于100吨，标准池长、宽、高分别为5米、4米、5米；或采用组合式蓄水池，池壁内外分别标定刻度计量蓄水存量。应建设机房1个，面积不少于20米^2。

（二）管网系统

1. 输水管　管材及管件应符合GB/T 10002.1—2023《给水用硬聚氯乙烯（PVC-U）管材》和GB/T 10002.2—2023《给水

用硬聚氯乙烯（PVC-U）管件》的规定要求，在管道适当位置安装进气阀、排气阀、逆止阀和压力调节器等装置。

2. 输配管网 由主干管、支管、毛管和控制阀等组成，地势差较大的地块需安装压力调节器。主干管管材及管件应符合GB/T 13664—2023《低压灌溉用硬聚氯乙烯（PVC-U）管材》的规定要求，支管、毛管管材及管件应符合GB/T 13663—2000《给水用聚乙烯（PE）管材》的规定要求。主干管口径90～110毫米，支管口径50～63毫米，毛管口径16～20毫米。管网铺设采用三级管网，即主干管、支管和毛管采用"丰"字形布置。干管、支管应埋入地下，埋深为40～60厘米。毛管的铺设应平行于油茶树种植方向，根据种植方式、土壤质地和油茶林管理等因素，可采用铺设于地表、架空倒挂、地埋等方式。毛管距油茶树兜部20厘米内铺设连接，一棵油茶树安装1～2个灌水器。

3. 灌水器 可采用微喷头、微喷带、滴头或滴灌带等（图3-13）。

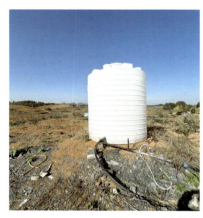

图3-13　油茶林蓄水桶与喷灌设施

（三）技术措施

1. 灌水时期　根据油茶树需水特点和土壤墒情，灌溉时期主要为春、夏、秋三季，视土壤干旱及油茶生育需水程度适时灌溉（表3-1）。

2. 灌水量　根据灌水器和油茶树的需水要求，每次浇水量为10 ～ 25升/株。

3. 肥料选择　可选用油茶树专用水溶肥料、复合肥等。

4. 施肥方法　按照少量多次的原则，一般全年施用4 ～ 6次。

（四）设备维护保养

初次使用前应打开支管、毛管的管堵冲洗管路。开始灌溉时要注意排气，顺序是先开支管阀门，再开泵。定期对整个管网系统进行冲洗，防止堵塞。每次施肥后，用清水冲洗管道15分钟。每30天清洗肥料罐1次，并定期检修管道、灌水（肥）器及注肥泵等设备。及时清洗施肥罐底部沉淀物，定期清洗各种过滤器。

表3-1 油茶成林不同生育期水肥一体化配制滴灌一览表

生育期	配方肥（氮、磷、钾、硼、锌、镁元素比例）	灌溉周期（天）	灌溉次数	每次灌水额（米³/公顷²）	每次灌水量（千克/株）	每次混合总量（公顷²）	每次混合肥用量（千克/株）
春梢期	2：2：1：0.02：0.03：0.01	10～15	2	4.5	5.45	尿素（46.0%）49.1千克、磷酸二铵（含磷42%、氮56.1%）22.53千克、磷酸钾（52%）55.30千克、硫酸锌（99.5%）3.58千克、硫酸镁1.40千克	0.16
花芽分化期	1：2：1：0.02：0.04：0.01	10～15	3	4.5	5.45	尿素（46.0%）31.64千克、磷酸二铵（含磷42%、氮56.1%）28.85千克、磷酸钾（52%）71.43千克、硫酸锌（99.5%）2.61千克、硫酸镁4.77千克	0.17
果实膨大高峰期	2：3：5：0.02：0.03：0.01	7～10	2	9.0	10.00	尿素46%77.82千克、磷酸二铵（含磷42%、氮56.1%）180.28千克、磷酸钾（52%）133.93千克、硼肥（15%）3.58千克、硫酸锌（99.5%）2.61千克、硫酸镁1.40千克	0.48
油脂转化期	0：3：5：0.01：0.02：0.01	10～15	3	9.0	10.90	磷酸二铵（磷42%、氮15%）133.93千克、硫酸钾（52%）180.28千克、硼肥（99.5%）2.39千克、硫酸锌（56.1%）1.30千克、硫酸镁1.40千克	0.39
开花坐果期	1：5：3：0.04：0.02：0.01	10～15	3	4.5	5.45	尿素46.0%106.36千克、磷酸二铵（52%）38.50千克、氮15%、硫酸钾（99.5%）71.43千克、硼肥5.22千克、硫酸锌（56.1%）2.39千克、硫酸镁1.40千克	0.27

注：7—9月可根据土壤墒情增加灌溉次数（仅灌溉水）。

第六节
中耕抚育

造林后进行抚育管理，创造优越的环境条件，以满足油茶生长发育对肥水的要求，才能保证油茶林的早实、丰产、稳产。中耕抚育是丰产高效栽培的关键措施之一。

一、抚育时间与次数

幼林是指苗木定植后到第4年内的抚育管理，抚育措施主要是除草、松土、培蔸、培土、扩穴。造林当年至少抚育1次，时间为9—10月。从第2年起，每年必须抚育2次，第1次为5—6月，第2次为9—10月，每次抚育应做到带间割灌与带内锄草。每年抚育时扩穴培蔸1次。

二、耕作深度

扩穴范围为树蔸周边0.5 ~ 1.0米，松土深度10 ~ 15厘米，且冠下内浅外深，培蔸高度10 ~ 15厘米。基本原则是幼树浅些，大树深些；树冠内浅些，树冠外深些。油茶成林应深挖垦复，每2 ~ 3年进行1次。在垦复过程中结合扶苗、培土、施肥，把割除的杂草覆盖在根的周围用土压实作为有机肥料。新造油茶林地，可在林内间种作物，以耕代抚。

三、耕作方式

油茶林地耕作方式主要有全面垦复（全垦）、带状垦复（带垦）和穴状垦复（穴垦），应根据油茶林地状况选择适宜的耕作方式。

（一）全面垦复

在土层深厚、坡度平缓（不超过10°）的林地并且交通方便、劳动力充裕的地方，进行全面耕作或采取间作（图3-14），以耕代抚，以短养长。

图3-14　油茶幼林（左）与成林（右）全面垦复

（二）带状垦复

在坡度较大（11°～20°）且存在水土流失的林地，采取带状垦复、带状套作（图3-15）。

（三）穴状垦复

在坡度较大（21°以上）、水土流失严重的林地，采取穴状耕作（图3-16）。

图3-15 油茶林带状垦复

带垦和穴垦要随着幼树
的生长逐步扩大抚育范围，
随着油茶树体的增大，林分
郁闭度逐渐提高，垦复次数
可逐渐减少。

图3-16 油茶林穴状垦复

第七节
引蜂授粉

油茶林丰产高效栽培
管理中，虫媒授粉措施的应
用为重要的技术环节之一。油茶是虫媒异花授粉植物，虫媒授
粉中以异株异花授粉效果最佳，虫媒授粉其结果率达78.0%～
80.6%，风媒授粉其结果率仅2.1%～10.6%，人工辅助授粉其
结果率可提高至80%以上。然而，大面积油茶林难以实行人工
辅助授粉，最好是借助和利用昆虫授粉。

油茶花传粉的昆虫有蝇、蚁、虻、蛾、蝶、蜂等50多种，

其中土蜂授粉效果最佳。土蜂分布广、数量多、抗性强，在生活和繁殖等方面都能适应油茶林的环境。油茶林授粉土蜂中以大分舌蜂、油茶地蜂最好。据调查，多蜂的油茶林比少蜂的油茶林坐果率高7%～20%，产量高29.8%～113.6%。土蜂在活动中采集大量花粉，频繁传递不同植株的花粉，起到多次多花混合授粉的作用，有利于提高油茶产量。在油茶林内平均每株树有1～2只土蜂，就能满足授粉的需要。

土蜂适合生活在小地形、小气候好的地方，如土层深厚、排水良好、避风隐蔽的山坳中部梯埂处（图3-17），一般地面有20～30个，而适合的地形油茶土蜂多达400个。

图3-17　土蜂孔（左）与授粉的土蜂（右）

通过人工引放，加速土蜂的繁殖、扩散，促使油茶林内有土蜂繁殖后代，是油茶成林丰产增收的重要技术措施。首先，应在有蜂区深挖垦复、修筑梯田、挖竹节沟、挖田面小坑、梯面挖马蹄坑加速蜂群的繁殖和扩散，然后将在多蜂区内确认受精的雌蜂移至无蜂区。引进蜂种放养，具体方法是在土层深厚、排水良好地方的油茶树冠下挖马蹄坑，规格为1.5厘米大小的孔眼，深30～40厘米，傍晚把蜂放入孔眼，每孔放1蜂，每亩

2～3孔，用碎土堵住孔口。若放蜂地点适合，引放成功率可达90%以上，如树体小或者土壤石子过多而找不到合适的地点放养，可以通过堆积大土包，在土包上挖直径30～40厘米、深40～50厘米的土洞，在洞壁上钻孔后引入雌蜂。

在无蜂区引进蜂种，正在采蜜（粉）的蜂可放养，但必须在家饲养1～2天，使其消失记忆，成功率可达50%～70%。饲养蜂需以蜜糖作饲料，经过试验，大分舌蜂的雌蜂用全蜜或50%蜜、饱和糖水、油茶花蜜等饲养，可以生活7天以上，为转移放养提供方便，且放养以早放为好。

此外，欧洲熊蜂（*Bombus terrestris*）也是一个分布较广泛的授粉昆虫，目前在设施栽培中已商业化生产应用。由于它能在任何季节生产、繁殖和授粉，且具有抗风雨和低温、节约成本及提高作物产量和质量等优点，在一些设施栽培作物应用产生了良好的经济效益。因此，引进欧洲熊蜂于盛果期油茶林分中，也能在提高油茶坐果率和产量上有较明显的效果（图3-18）。

图3-18　欧洲熊蜂（左）与地蜂（右）授粉

为了充分利用油茶地蜂（*Andrena camellia* Wu）为油茶成林授粉，一定要保护地蜂。10月至11月下旬，在地蜂陆续羽化出土这段时间，不适合熏烟烧火和喷洒农药，多蜂地区最好进行封禁，以免踩死刚羽化出土的地蜂。人工饲养的蜜蜂虽有传粉作用，但油茶花蜜浓度大、皂素多，对蜜蜂幼虫有毒害，故不宜在油茶林内放养。

第八节
整形修剪

油茶树自然生长一般呈丛生状半圆形的树冠，通过整形修剪，新造幼林可成为自然圆头状或开心形的丰产树形。同时，整形修剪可以控制油茶徒长，避免养分过度消耗。

1.新造林整形修剪方法　在幼树距地面0.5米左右处短截主干，新枝萌发后选留4～5个不同方位的健壮枝条，上下间距0～15厘米。如枝条间距过大，应留苗壮分枝作为副主枝，以便充分利用空间，扩大结果面积。主枝、副枝间距均应保持60～70厘米，使其所分生的侧枝均可照到充足的阳光，及时剪去主枝基部或主干上所萌发的无用枝、过密枝。经5～6年后，树冠、树形基本形成丰产结构。

2.整形修剪原则　幼树轻剪，老树重剪；大年重剪，小年轻剪。方法要因树制宜，先修下部，后剪中、上部；先剪冠内，后剪冠外。做到修剪得均匀，上下不过分重叠，左右不拥挤。修剪时留桩不能过高。切口要求平滑，稍倾斜，切口较大的要用蜡、黄泥、石灰封口。对于徒长枝的修剪，要看树龄和生长状况，树冠已经形成的壮龄油茶树，徒长枝应从基部剪去。对于交叉重叠枝，要剪去向冠内生长的，保留向外扩展的；剪去生长不良的，保留生长健壮的；剪去下面的，保留上面的。对于丛生枝，应进行疏剪，保留1～2根健壮的枝条进行培育。

3.整形修剪时间　在收果后至春梢萌发前（11月至翌年2

月）进行为宜。主要修剪控制徒长枝，剪除病虫枝、密生枝、交叉枝和重叠枝，注意修剪切口贴、平、斜（图3-19）。

图3-19 油茶树修剪

第四章 PART FOUR

油茶病虫害防治技术

油茶幼树营养生长旺盛，易发生炭疽病、天牛、刺蛾、蚜虫等病虫害，在其易发季节要注意观察防治，管理得当可以减少病虫害发生。

一、油茶炭疽病

1. 病原　无性阶段为胶孢炭疽菌（*Colletotrichum gloeosporioides*），属半知菌亚门，黑盘孢目，黑盘孢科；有性阶段为围小丛壳菌（*Glomerella cingulata*），属子囊菌亚门，球壳菌目，小丛壳属。

2. 分布　在我国分布于陕西、河南及长江以南各油茶产区。

3. 寄主植物　茶、油茶、山茶、茶梅等。

4. 为害症状　果实、枝梢、叶片、花芽和叶芽均可受害（图4-1）。果实受害，初期有褐色小斑着生于果皮上，逐渐扩大为黑色圆形病斑，有时数个病斑连成不规则形，边缘不明显，后有轮生小黑点出现，即病菌的分生孢子盘。油茶梢部病斑多发生在新梢基部，呈梭形或椭圆形，略下陷，边缘淡红色，后期呈黑褐色，中部带灰色，有黑色小点及纵向裂纹。叶片受害

图4-1　油茶炭疽病病叶（左）及病果（右）

时，病斑常自叶尖处发生，呈半圆形，黑褐色或黄褐色，边缘紫红色，后期呈灰白色。枝干上的病斑呈梭形溃疡或不规则下陷，剥去皮层，可见黑色木质部。有不规则形的病斑着生于花芽和叶芽上，颜色为黑褐色或黑色，后期呈现灰白色，内污黄色，上有黑点，孢子堆常在鳞片内侧，病重时芽枯蕾落。

5. 发病规律　油茶炭疽病以菌丝或分生孢子在病残体上越冬，在油茶的花芽、花和幼果之间能连续侵染，具有潜伏侵染的特性。分生孢子埋于分生孢子胶液中，必须借助于雨水、露水分散后，由雨水反溅和雨中的风力吹散传播。

油茶炭疽病的侵染顺序为先嫩梢、嫩叶，后果实，再次是花芽、叶芽，直至初冬的花。新梢是春季发病最早的部位。在江西，春梢病斑初见于4月下旬，即春季油茶展叶后不久。病斑出现盛期为5月上中旬，5月底春梢木质化时，病情发展逐渐停止。新叶症状几乎在春梢发病的同时，即展叶后不久，部分嫩叶就开始出现病斑。叶芽中潜伏的菌丝是翌年新叶发病的主要初侵染来源。果实的发病时期稍迟于新梢和嫩叶，发病的高峰期一般都在果实的成熟期，即8月、9月。叶芽和花芽在分化始期，即6月上中旬即可受到病菌的侵染。发病盛期出现在8月。

一般情况下，低山、山脚、林缘、成林发病率高，高山、山顶、林内、幼林发病率低。油茶林间种不当，发病期氮肥施用量过大，常常会加重病情。不同品种油茶的抗病力不同，小叶油茶抗病性强，普通油茶易感病，紫红果比青皮果抗病能力强。

6. 防治技术

（1）加强营林措施。通过抚育、复垦、修枝及水肥管理等措施，保持油茶林内植株间枝叶不相衔接的密度，追施有机肥和磷、钾肥，勿偏施氮肥。

（2）清除林间病源。结合冬季和夏季修剪，修除树上各发病部位，并尽可能清除病果和病叶，修除病枝要修至活组织部位2～3厘米为宜。

（3）加强油茶种苗产地检疫。油茶种苗繁育基地所用的种子、苗木、插条、接穗、砧木要确保没有感染油茶炭疽病。

（4）选育抗病品种。小叶油茶、赣州油一些系列的油茶品种较抗炭疽病。

（5）加强监测测报。根据油茶物候期，结合病害在不同的年份、不同地区的温度、湿度、降水量和病菌散发量变化，监测全年发病动态，为防治及时准确地提供依据。

（6）化学防治。在早春新梢生长后，定期喷洒1%等量式波尔多液加1%～2%茶枯水进行保护，防止初次侵染。在5—9月发病盛期，可选用75%百菌清可湿性粉剂1 000倍液、75%甲基硫菌灵可湿性粉剂500倍液、50%胂·锌·福美双可湿性粉剂800倍液和25%吡唑醚菌酯悬浮剂2 000倍液，15天喷雾1次。10月底至11月初和翌年4月下旬至5月上中旬，用50%多菌灵可湿性粉剂500倍液或150毫克/升水杨酸＋200毫克/升咪鲜胺混合液各喷药1次，可有效减少病菌越冬数。

二、油茶软腐病

1. 病原　油茶软腐病又名油茶落叶病、叶枯病，是由茶藨菇座菌（*Agaricodochium camelliae*）引起的发生在油茶的病害。茶藨菇座菌隶属于半知菌亚门，丛梗孢目，暗丛梗孢科。

2. 分布　我国主要分布于长江以南油茶产区，包括江西、湖南、广西、广东、浙江、福建、安徽、贵州、河南、云南等地。

3. 寄主植物　除为害油茶外，还侵害其他14个科的50多种植物。

4. 为害症状　主要为害油茶叶片及果实等部位（图4-2）。

图4-2　油茶软腐病病叶（左、右上）病果（右下）

苗期和成株期均可受害，感病叶片最初在叶尖、叶缘部分中部出现圆形或半圆形水渍状斑点，以后渐扩大为土黄色大病斑。如遇阴雨潮湿天气，病斑迅速扩展，叶肉组织腐烂，形成软腐型病斑，病斑边缘不明显，病叶易脱落。如遇晴天，天气干燥，病斑扩展缓慢，形成黄褐色的枯死型病斑，病斑边缘明显，病叶不易脱落。后期病斑上长出土黄色的蘑菇状分生孢子座。感病果实症状与病叶相似，病组织腐烂，但色泽较浅，天气干燥时，病果开裂脱落。

5. 发病规律　病菌以菌丝体和未发育成熟的蘑菇状分生孢子座在病部越冬。冬季留于树上越冬的病叶、病果、病枯梢及地上病落叶、病落果是病菌越冬的场所。翌年春季当日平均气温回升到10℃以上，越冬菌丝开始活动，雨后陆续产生蘑菇状分生孢子座是病害的初侵染源。晚秋侵染的病斑黄褐色，是病菌主要的越冬场所。越冬病叶及早春感病病叶，在阴雨天气能反复产生大量蘑菇状分生孢子座。当环境不适合侵染时，蘑菇状分生孢子座能在病斑部或侵染处度过干旱期，到下次降雨时再进行传播侵染。

气温在10～30℃，蘑菇状分生孢子座均能发生侵染，但以15～25℃时发病率最高。超过25℃发病率显著下降，低于15℃能发生侵染，但潜育期长、病程缓慢。蘑菇状分生孢子座的传播和侵染都需要雨水及高湿的环境，因此适合侵染的温度范围内，空气湿度与病害发生的关系十分密切。在不保湿条件下，相对湿度低于98%，便不能发生侵染。在林间只有阴雨天才能满足这一条件。所以油茶软腐病只在阴雨天发生。每次中雨到大雨后，林间相继出现许多新病株。雨量大、雨日连续期长，新病叶出现多；反之则病叶少。4—6月是南方油茶产区多雨季节，气温适宜，是油茶软腐病发病高峰期。10—11月小阳春天气，如遇多雨年份将出现第二个发病高峰。山凹洼地、缓坡低

地、油茶密度大的林地发病比较严重，管理粗放、萌芽枝及脚枝丛生的林地发病比较严重。

6. 防治技术

（1）开展营林措施。在造林时要设置合理的栽植密度，及时疏伐、修剪，增加林间透风透光性，降低空气相对湿度。同时，要做好林地的排水，清理林间杂草杂灌及枯枝、落叶，减少病菌基数，降低该病的发生率。

（2）选育抗病能力强的优良品种，提高油茶林分的整体抗病能力。

（3）做好预防。育苗时，可将种子用0.1%高锰酸钾溶液浸泡，杀死病菌。造林的苗木要严格检疫，避免带菌进入林地；及时防治象鼻虫等病菌传播生物媒介。冬季清园时，使用石硫合剂杀灭林地中的病菌。

（4）化学防治。发病初期可使用50%福美双可湿性粉剂600倍液、75%甲基硫菌灵可湿性粉剂500～800倍液或等量的波尔多液和胂·锌·福美双可湿性粉剂配制120倍液。发病严重时，可用45%咪鲜胺乳油＋50%多菌灵可湿性粉剂1 000倍液或者25%吡唑醚菌酯乳油＋80%代森锰锌可湿性粉剂1 000倍液喷施，要求喷药全面，整株喷药，叶面、叶背及枝条等位置全部喷施到位。

三、油茶煤污病

1. 病原　油茶煤污病又名煤病、烟煤病，其病原为煤炱属（*Capnodium*）和小煤炱属（*Meliola*）中的多种真菌，已知的小煤炱目病原有山茶小煤炱 [*Meliola camelliae* (Catt.) Sacc.]。

2. 分布　我国主要分布于长江以南油茶产区，包括江西、湖南、广西、广东、浙江、福建、安徽、贵州、河南、云南等省份。

100

3. **寄主植物**　主要是油茶。

4. **为害症状**　病菌侵入油茶叶片、枝条（图4-3），初期在油茶叶正面及枝条表面形成圆形黑色霉点，有的沿主脉扩展，以后逐渐增多，形成较厚的一层黑色烟煤状物，从而使叶片失去进行光合作用的功能。危害严重时，油茶呈现一片黑色，轻则产量下降，重则颗粒无收，甚至造成整株死亡。病菌主要以介壳虫、蚜虫、粉虱等害虫的分泌物为营养，有时也可利用植物本身的分泌物，因此在煤污病发生时，病枝叶上常可见到这些昆虫。

图4-3　油茶煤污病病叶

5. **发病规律**　病菌以菌丝、分生孢子、子囊孢子越冬，当叶、枝表面有灰尘、蚜虫蜜露、介壳虫分泌物或植物分泌物时，病菌分生孢子和子囊孢子传附其上即可生长发育，因遮光而影响寄主的光合作用。病菌的菌丝和分生孢子又可借气流、昆虫传播，进行重复污染。煤污病高发期通常在每年的3—6月和10—11月，宜在这一期间进行重点防治。

6. 防治技术

（1）加强油茶林的抚育管理，及时间伐和修枝，挖除病死株并将其烧毁。

（2）生物防治。煤污病多由介壳虫和蚜虫引起的，因此保护和繁育黑缘瓢虫、大红瓢虫、澳洲瓢虫等天敌，能抑制介壳虫的繁衍，减轻煤污病的为害。

（3）化学防治。发病初期喷0.6%～0.7%等量式波尔多液。发病盛期，夏季用0.3波美度、秋季用1波美度、冬季用3波美度的石硫合剂喷洒，用黄泥水、山苍子叶果原汁加水20倍喷洒也有一定效果。若病虫同时发生，应先治虫、后治病，所以要经常防治蚜虫和介壳虫。发现蚜虫后，可喷50%敌敌畏乳剂1 000～1 500倍液；发现介壳虫后，可用10%吡虫啉乳油稀释1 500倍液全树喷施。

四、油茶藻斑病

1. 病原 一种寄生性的绿藻，学名为 *Cephaleuros viorescens* Kunze，属藻类。

2. 分布 在我国各茶区均有分布。

3. 寄主植物 除油茶外，还有柑橘、玉兰、山茶、冬青、梧桐、樟、杉木、木槿、赤豆、香榧等。

4. 为害症状 主要为害油茶老叶片（图4-4），叶片正反面均可感染，正面较多，初为灰绿色或黄褐色针头大的圆形小点，后向四周扩散成圆形或近圆形的暗褐色圆斑，病斑呈放射状，上可见细条毛毡状物，稍隆起，边缘不整齐。

5. 发病规律 油茶藻斑病病原寄生性弱，通常只能寄生在生长势弱的油茶上。由于在潮湿的环境条件下，有利孢子囊梗的形成、脱落、传播和发芽，因此多发生在荫蔽潮湿、通风透光不良

图4-4 油茶藻斑病病叶

及生长势弱的油茶树上。一般每年3月开始，山茶藻斑病新的病斑零星发生，4月中旬前发病一般不严重，发病率低于15%。从4月下旬开始，病害发生蔓延较快，发病第一个高峰期一般都集中在梅雨季节后6月下旬和7月上旬，7月中旬至8月上旬发病有所减轻，8月中旬出现第二个发病高峰，8月下旬后病害发生减缓。

6. 防治技术

（1）营林措施。及时修剪病枝和徒长枝，促进油茶树通风，降低油茶林湿度。同时多施磷、钾肥，增强树势，提高抵抗力。

（2）化学防治。每年采果后喷施1%波尔多液，预防该病发生。发病后可喷施0.5%硫酸铜水溶液或12%松脂酸铜乳油600倍液。

五、油茶茶苞病

1. 病原 油茶茶苞病又名油茶饼病、叶肿病等，是由细丽外担菌 [*Exobasidium gracile*（Shirai）Syd] 引起的、发生在油

茶上的病害，细丽外担菌属担子菌亚门、外担子菌目、外担子菌科。

2. 分布　我国主要分布于长江以南油茶产区及长江以北的大别山区。

3. 寄主植物　主要是油茶。

4. 为害症状　该病主要为害花芽、叶芽、嫩叶（图4-5）和幼果，患病后产生肥大变形症状，嫩梢最终枯死。花芽感病后，子房及幼果膨大成桃形，一般直径5～8厘米，最大的直径达12.5厘米，严重影响其挂果率及果实产量。叶芽或嫩叶受害后肥大成肥耳状。症状开始时叶片表面常为浅红棕色，间有黄绿色；后期表皮开裂脱落，露出灰白色的外担子层。嫩叶感病后，常局部出现圆形肿块，表面呈红色或浅绿色，背面为粉黄色或烟灰色，最后病叶脱落。

图4-5　油茶茶苞病病叶

5. 发病规律　病菌以菌丝体在寄主受病组织内越冬或越夏，病菌只在春季为害，其他三个季节处于休止状态。病害的初侵染来源是越冬后引起发病的成熟担孢子，而不是干死后残留枝头的病原物。病菌孢子以气流传播，其潜育期1～2周，在发病高峰期，担子层成熟后释放大量孢子。

该病最适发病气温为12～18℃，空气相对湿度在79%～88%的阴雨连绵天气也有利于发病。该病害发生的季节性非常明显，一般只在早春发病1次，即2月开始发病，3—4月最盛，5月底结束，发病时间相对较短。发病也与日照、湿地及品种等因素有密切关系。此外，在阳光不足、通风不良林地发病较重。

6. 防治技术

（1）营林管理措施。冬季清园，在担孢子尚未成熟飞散前，连年集中摘除病组织表皮尚未破裂的茶桃、茶苞、叶片，并深埋或烧毁；疏导林间密度，增加通风透光条件；加强水肥管理，增强树势，提高抗病性。

（2）化学防治。新梢萌发结束后，全树喷洒1%波尔多液进行预防；发病期间喷施1%波尔多液或70%敌磺钠可湿性粉剂500倍液和0.5波美度石硫合剂进行防治。

六、油茶赤叶斑病

1. 病原 油茶赤叶斑病是拟盘多毛菌（*Pestalotiopsis microspora*）引起的、发生在油茶的病害，属子囊菌门亚门、炭角菌目、炭角菌科。

2. 分布 我国主要分布于浙江、安徽、湖北、湖南、河南、广西、广东。

3. 寄主植物 主要是油茶、茶树。

4. 为害症状 发病初期病斑多发生在较嫩的叶片上，初为淡褐色圆形渍状小点。以后病斑蔓延，颜色由淡褐色变为棕褐色，有时多个病斑连合成较大的斑块或蔓延于整个叶片，引起叶片的大量枯焦和脱落（图4-6）。

图4-6　油茶赤叶斑病病叶

5. 发病规律　病菌以菌丝体和分生孢子器在茶树病叶组织里越冬，病害一般从5月开始发生，7—9月为发病高峰，受害叶片大量脱落。

6. 防治技术

（1）改良土壤。多施酵素菌或EM菌活性生物有机肥，改良土壤理化性状和保水保肥。

（2）加强夏季管理。夏季干旱要及时灌溉，合理种植遮阴树，减少阳光直射，防止日灼。

（3）化学防治。发病初期喷洒50%苯菌灵可湿性粉剂1 500倍液或70%多菌灵可湿性粉剂900倍液、36%甲基硫菌灵悬浮剂600倍液。

七、油茶半边疯

1. 病原　油茶半边疯又名白皮干枯病、白腐（朽）病、烂脚瘟等，是由碎纹伏革菌（*Corticium scutellaer* Berk.et Curt.）引起的一种毁灭性病害。碎纹伏革菌属担子菌亚门、非褶菌目、伏革菌科。

2. 分布　我国主要分布于浙江、安徽、湖北、湖南、河南、广西、广东。

3. 寄主植物　主要是油茶。

4. 为害症状　该病主要为害主干，有的可蔓延至枝条（图4-7）。病害多从主干背阴面开始发生。染病后先是树皮腐烂，木质部变色干枯，在发病部位呈现一层石膏样的白色膜状菌体，远看雪白一条；最后病部下陷，形成溃疡，病斑呈长条状。患病油茶半边枯死甚至全株枯死。

图4-7　油茶半边疯症状

5. 发病规律　老树易发病，一般树龄在20年以上发病较多，发病的枝条一般也是在老树桩上萌发的枝条；阴坡、山坳、密林及土壤贫瘠的林地发病较多；日平均气温达13℃时开始发病，3—10月病害连续发生，7—8月为发病高峰期。

6. 防治技术

（1）营林措施。种植时尽量选择在阳面，降低林分密度，

以利于通风透光。

（2）冬季清园。截断发病枝干带出园外，进行烧毁，减少侵染源，喷1～2波美度的石硫合剂消灭越冬的病原菌。

（3）化学防治。发病初期，刮除早期病株病斑，并用1：3：15倍波尔多液涂刷病斑或氯化锌治疗。

八、油茶白绢病

1. 病原　油茶白绢病是由齐整小核菌（*Sclerotium rolfsii* Sacc.）引起的、发生在油茶苗木茎基部或根颈部病害。齐整小核菌属于半知菌亚门，无孢目，无孢科。

2. 分布　我国南方各省的油茶产区。

3. 寄主植物　主要是油茶。

4. 为害症状　病害多发生于接近地表的苗木基部或根颈部（图4-8）。先是皮层变褐腐烂，不久即在其表面产生白色绢丝状菌丝层，并作扇形扩展，天气潮湿时，可蔓延至地面上。而后

图4-8　油茶白绢病症状

长出油茶籽状小菌核，初白色，后变淡红色、黄褐色，以致茶褐色。苗木受害后，影响水分和养分的输送，从而导致其生长不良，叶片逐渐变黄凋萎，最终全株枯死。

5. 发病规律　一般在6月上旬开始发生，7—8月气温上升至30℃左右时为病害盛发期，9月末病害基本停止发生。随后在病部菌丝层上形成菌核，进入休眠阶段。湿度较大的土壤，发病率高。

6. 防治技术

（1）采用营林措施。注意排水，消灭杂草，并增施有机肥料，以促使苗木生长旺盛，增强抗病能力。

（2）化学防治。在菌核形成（发现病苗）前，拔除病株，并用1%硫酸铜液、50%代森铵水剂500倍液等消毒病苗周围土壤，或30%噁霉灵可湿性粉剂1 000倍液细致喷洒苗床土壤，用药量为3克/米^{2}左右，以预防苗期白绢病的发生。发病初期用70%甲基硫菌灵可湿性粉剂1 000倍液、50%多菌灵可湿性粉剂1 000倍液浇灌。在发病林地上，每亩施用生石灰50千克，可以减轻下一季度的病害。

第二节
主要虫害防治

一、油茶蓝翅天牛 [*Bacchisa atritarsis*（Pic.）]

别名：茶红颈天牛、茶结节虫、黑跗眼天牛。

1. 分类地位　属鞘翅目（Coleoptera）天牛科（Cerambycidae）沟胫天牛亚科（Lamiinae）。

2. 分布　在我国分布广泛，是油茶的主要蛀干害虫之一，在浙江、云南、湖南、江西、福建、广西等国内油茶主产区危

害严重。

3. 寄主植物 主要是油茶、茶、枫杨、喜树等。

4. 识别特征

（1）成虫。体长9～12毫米，体被绒毛，触角柄节酱红色，第3、4节基部橙黄色，其余为黑色。头、前胸背板及小盾片酱红色。鞘翅蓝色带紫色光泽，散生粗刻点。前胸背板中部有1突起。腹部橙黄色，各足跗节及胫节端部黑色（图4-9A）。

（2）卵。圆柱形，两端稍尖，呈半透明状，长约2毫米，宽约0.4毫米。初产时为白色，近孵化时变为乳黄色（图4-9B）。

（3）幼虫。体长5.5～19.9毫米，通体黄色，上颚黑色，前胸背面骨化区近前缘具1条中央截断的褐色骨化斑纹；后胸至腹部第7节背面和腹面均有长方形肉瘤隆起。幼虫表皮薄，半透明，腹部第9节和第10节末端丛生有细毛（图4-9C）。

（4）蛹。纺锤形，橙黄色，体长约14毫米。初化蛹时为乳黄色，逐渐变为橙红色，近羽化前为灰褐色（图4-9D）。

图4-9　油茶蓝翅天牛

A.成虫　B.卵　C.幼虫　D.蛹

5. 为害特征　油茶蓝翅天牛以幼虫蛀干及成虫补充营养、取食叶片为害，为害后严重阻碍植株养分运输，影响寄主正常生长发育（图4-10）。

6. 发生特点　油茶蓝翅天牛在江西两年发生1代，湖南、福建一年发生1代。成虫最早羽化期为4月上旬，羽化持续到6月中旬。成虫清晨不活动，出孔后的成虫立即飞向油茶树冠，取食叶片和嫩枝皮，3～4天后交尾产卵，从4月底开始产卵，

图4-10　油茶蓝翅天牛为害状

5月中旬树干和树枝上均可见"Ʊ"形产卵刻槽，刻槽周边有木屑排出。卵产于油茶枝干皮下1～2毫米内，每个刻槽内一般产卵1枚。卵历期为10～15天。卵于当年5月中旬孵化，孵出幼虫后先在刻槽皮下蛀食，然后环绕枝干蛀食，形成蛀道，枝干被害部位肿胀成节状。以一年生幼虫和二年生老熟幼虫越冬，幼虫经2年越冬，到第3年4月中旬开始化蛹，幼虫历期长达23个月。蛹期为20天左右。

7. 防治技术

（1）选用抗虫能力强的油茶主栽品种，提高寄主的抗性。

（2）营林措施。调节种植结构模式，改造现有的林间结构，提高油茶林的抗虫能力，营造适合油茶健康生长而不适合害虫发生和为害的环境。

（3）成虫防治。在4月中下旬至6月上旬用8%氯氰菊酯微囊悬浮剂进行防治，稀释300～400倍喷施到树干、大枝和天牛

成虫喜出没之处；也可通过人工扑杀，一般在中午天牛休息时进行人工捕杀。

（4）幼虫防治。幼虫期用联苯菊酯等杀虫剂注射虫孔毒杀幼虫；当幼虫进入木质部后，用铁丝插入虫道进行人工钩杀。释放川硬皮肿腿蜂和天牛长尾啮小蜂等寄生蜂进行防治。

（5）卵期防治。在4月上旬成虫羽化前，在树干基部80厘米以下涂刷涂白剂（石灰10千克＋硫黄1千克＋动物胶适量＋水20～40千克）防止成虫产卵。在4月底成虫开始产卵期，用吡丙醚喷雾油茶树干，进行杀灭虫卵，阻断天牛繁殖链。

二、油茶织蛾（*Casmara patrona* Meyrick）

别名：茶枝镰蛾、油茶蛀蛾、油茶蛀茎虫、油茶蛀梗虫。

1. 分类地位　属鳞翅目（Lepidoptera）麦蛾总科（Gelechioidea）织蛾科（Oecophoridae）织蛾亚科（Oecophorinae）。

2. 分布　国外分布于日本、印度。中国分布于江苏、安徽、浙江、福建、江西、河南、湖南、广东、四川、贵州、云南、湖北、台湾等地。

3. 寄主植物　主要是油茶、茶等山茶科植物。

4. 识别特征

（1）成虫。体长12～16毫米，展翅32～40毫米。体被灰褐色和灰白色鳞片。触角丝状，灰白色，基部膨大、褐色。下唇须镰刀形，向上弯曲，超过头顶；第2节粗，有黑褐色和灰白色鳞片；第3节纤细，灰白色；第3节末端尖，呈黑色。前翅黑褐色，有6丛红棕色和黑褐色竖鳞，在基部1/3内有3丛，在中部弯曲的白纹中有2丛，在此白色纹的外侧还有1丛。后翅银灰褐色。后足长过前足1倍多，且较粗大。腹部褐色，有灰白斑，带光泽（图4-11A）。

（2）卵。扁圆形，长约1.1毫米，赭色，上有花纹，中间略凹陷（图4-11B）。

（3）幼虫。体长25～30毫米，乳黄白色。头部黄褐色，前胸背板淡黄褐色，中缝淡色。腹末2节背板骨化，黑褐色。腹足趾钩3序缺环，臀足趾钩3序半环（图4-11C）。

（4）蛹。长圆筒形，长16～24毫米，黄褐色，腹部末节腹面有小突起1对（图4-11D）。

图4-11　油茶织蛾

A.成虫　B.卵　C.幼虫　D.蛹

5.为害特征　主要以幼虫钻蛀为害，使树势下降，甚至枯萎死亡。初孵幼虫为害芽梢，一、二龄幼虫为害小枝，三龄后沿枝梢蛀入粗大的枝内，由上而下蛀食枝干，导致枝干中空、枝梢萎凋，日久干枯，大枝也常整枝枯死或折断，进而

严重影响寄主植物的长势
（图4-12）。

6. 发生特点 油茶织蛾
1年发生1代，以大幼虫在
被害枝干内越冬，翌年4月
上中旬开始化蛹，4月底至
5月初为化蛹盛期，5月上、
中旬开始羽化，5月中下旬
为羽化盛期，6月上中旬为
孵化盛期。各虫态历期：卵
10～22天，幼虫280～300
天，蛹24～39天，成虫3～
10天。

图4-12　油茶织蛾为害状

油茶织蛾发生时间与4月的气象因子关系密切，与4月平均
气温及降雨量关系最密切，其次是4月日照时数和蒸发量。

7. 防治技术

（1）营林措施。对油茶进行及时修剪和疏伐，冬春季要细
心检查，发现虫枝应集体剪除，及时收集风折虫枝，集中烧毁
或深埋，从而压低虫口基数，减轻危害。

（2）物理防治。利用黑光灯进行诱杀。每年6月上中旬在田
间设立黑光灯诱杀，坚持3年可获较明显的控制效果。

（3）生物防治。油茶织蛾天敌主要有长体茧蜂、茶蛀梗
虫茧蜂、大螟钝唇姬蜂，可通过营造良好的生态环境加以保护
利用。

（4）化学防治。成虫羽化期和卵孵化盛期喷洒90%敌百虫
原药800倍液、25%喹硫磷乳油1 000倍液等进行防治。主干明
显受害但尚未完全枯死的大枝条，可用脱脂棉蘸5%高效氯氟氰
菊酯水乳剂30倍液，塞进虫孔后用泥封住，以毒杀幼虫。

三、茶籽象甲（*Curculio chinensis* **Chevrolet**）

别名：山茶象、油茶象鼻虫、油茶果象。

1. 分类地位　属鳞翅目麦蛾总科织蛾科织蛾亚科。

2. 分布　全国各油茶产区均有分布，以西南茶区发生较多。

3. 寄主植物　主要是油茶、茶等植物。

4. 识别特征

（1）成虫。体长为7～11毫米，全体黑色，疏被白色绒毛，构成规则的斑纹，腹面鳞毛甚密。触角膝状，端部3节膨大。雄虫触角着生在管状喙中部，雌虫则着生在喙基部1/3处。管状喙长为4～6毫米，向下弯曲。前胸近半球形，有浅茶褐色鳞毛和刻点。中胸小盾板密生白色鳞毛。鞘翅上杂有黑色、褐色和白色鳞毛，基部和近中部有2条由白色鳞毛组成的横线。每鞘翅上各有10条纵沟，沟内有粗大刻点。足腿节末端膨大，下方有1短刺（图4-13A）。

（2）卵。长椭圆形，长径约1毫米，短径为0.2～0.3毫米，黄白色（图4-13B）。

（3）幼虫。幼虫4龄。末龄幼虫体长为10～12毫米，头深褐色。体弯曲呈C形，肥壮，各体节多横皱纹，无足。幼龄时体乳白色，随龄期增加渐变黄白色，出果时多为金黄色（图4-13C）。

（4）蛹。体长为9～11毫米，长椭圆形，乳黄色，体表着生细毛，翅芽上有纵向沟纹，腹末有1对短刺。

5. 为害特征　主要以成虫和幼虫蛀食油茶果种仁为害，成虫还可为害嫩茎，使嫩梢凋萎枯死（图4-14）。

6. 发生特点　一般2年发生1代，第一年以幼虫越冬，幼虫在土中生活约12个月，至第二年8—11月化蛹，当年陆续羽化为成虫但不出土，在土中越冬，至第三年4—5月陆续出土。成

图4-13　茶籽象甲
A.成虫　B.卵　C.幼虫

虫出土后经7天左右开始交尾产卵于油茶果中，7月下旬至8月上旬成虫陆续死亡。幼虫孵化后在油茶果内生长发育，至8—11月老熟时离果入土越冬。1年1代区，越冬幼虫于翌年4—5月化蛹，5月成虫陆续羽化出土，6月中下旬大量产卵于油茶果内，至9月上旬，幼虫老熟时离果入土越冬。各虫态历期：卵期7～15天，幼虫蛀果期50～80天，蛹期30～50天。成虫出土以当天18:00—19:00为多。

图4-14　茶籽象甲为害状

7. 防治技术

（1）营林措施。在7—9月的落果高峰期，定期收集落果，并集中烧毁，以消灭大量幼虫。

（2）物理防治。利用糖醋液进行诱杀防治；成虫盛发期利用假死性，振落捕杀。

（3）化学防治。在4—7月成虫盛发期，可用90%敌百虫原药1 000倍液或20%氰戊菊酯乳油2 000～3 000倍液喷杀2～3次。

（4）生物防治。在6月，利用白僵菌或绿僵菌制剂进行喷施防治。

四、茶梢蛾 [*Haplochrois theae*（Kusnezov）]

别名：茶梢尖蛾、茶梢蛀蛾。

1. 分类地位　属鳞翅目麦蛾总科小潜蛾科（Elachistidae）Parametriotinae亚科。

2. 分布　国外分布于俄罗斯、印度、日本等地；中国分布于福建、江西、浙江、江苏、安徽、湖北、广东、广西、湖南、四川、重庆、贵州、云南、陕西等地。

3. 寄主植物　主要是油茶、茶和山茶。

4. 识别特征

（1）成虫。体长5～7毫米，翅展10～13毫米。体灰褐色，有光泽。触角丝状，与体长相等或稍短于前翅，柄节较粗。下唇须镰状，向两侧伸出。头部和颜面紧被平伏的褐色鳞片。前翅灰褐色，披针形，表面散生着许多黑色鳞片，翅中央近后缘处有2个较大的黑色圆斑点。后翅狭长呈匕首形，薄而透明，比前翅窄，颜色稍淡。前、后翅后缘均有长缘毛。雌虫颜色比雄虫深，腹部亦较宽大，全身较雄虫稍长。

（2）卵。椭圆形，两头稍平，初产时乳白色，透明，3天后变为淡黄色。

（3）幼虫。老熟幼虫体长7～10毫米，肉黄色。头部较小，深褐色，胸、腹各节黄白色。趾钩呈单序环。体表被有稀疏的短毛。腹足不发达，末节背面中央有1褐色斑点（图4-15）。

（4）蛹。长筒形，黄褐色。触角贴近腹部，明显露出，其长度占全部体长的1/3以上，腹部末节有两个向上弯曲的侧钩。体长5～6毫米，近羽化时呈黑褐色。

5. 为害特征　茶梢蛾主要以幼虫蛀食油茶顶部新梢为害，造成新梢枯死。幼虫前期为害油茶叶片，在叶肉内开始取食，叶斑内的幼虫逐渐爬出转害新春梢，致使被害顶梢失水，嫩梢膨大

图4-15　茶梢蛾幼虫

粗肿而畸形，叶片枯黄，形成早期枯梢（图4-16）。幼虫蛀入梢内，蛀道随虫体变大而加深，直接影响寄主营养运输而不能正常形成花芽，影响油茶结实。

图4-16　茶梢蛾为害状

6. 发生特点　　不同地区茶梢蛾发生情况有差异，其中江西、浙江、江苏、湖南、湖北、安徽、云南和贵州等地1年发生1代；福建、广东和广西1年发生2代。以幼虫潜伏在叶肉内越冬，叶表形成不规则半透明黄褐色的虫斑，翌年3月中旬幼虫咬孔爬出转蛀嫩梢为害，3月下旬至4月上旬是为害盛期，4月下旬至5月上旬化蛹，5月中下旬成虫羽化。成虫产卵于叶柄或腋芽处，2～5粒成行排列。

6月上中旬卵孵化，8月中旬至9月上旬出现大量枯死梢。9月上中旬化蛹，9月下旬至10月上旬成虫出现并产下第二代卵，10月中下旬卵孵化，幼虫蛀入秋梢为害。12月中下旬幼虫进入越冬状态。

7. 防治技术

（1）农业防治。茶梢蛾在枝梢内越冬，在羽化前的冬、春

季节进行油茶树修剪，修剪的深度以剪除幼虫（枝梢有虫道的部位）为度，剪下的枝梢叶片要集中在油茶林外处理，进行烧毁或深埋。

（2）生物防治。茶梢蛾的天敌有小茧蜂、小蜂、蚂蚁、鸟类等，应注意保护利用。

（3）化学防治。在幼虫孵化后至转蛀枝梢越冬前采用阿维菌素、苏云金杆菌、阿维菌素·氟铃脲喷雾。

五、油茶铜绿丽金龟（*Anomala corpulenta* **Motschulsky**）

别名：青金龟子、铜绿金龟子、青金龟子、淡绿金龟子。

1. 分类地位　属于鞘翅目，丽金龟科。

2. 分布　我国分布于黑龙江、吉林、辽宁、河北、内蒙古、宁夏、陕西、山西、山东、河南、湖北、湖南、安徽、江苏、浙江、江西、四川等省份。国外分布于朝鲜、日本、蒙古。

3. 寄主植物　主要是油茶、茶、杨、柳、榆、梨、苹果、核桃、杏、葡萄、海棠等。

4. 识别特征

（1）成虫。体长15～22毫米，宽8.0～10.5毫米，铜绿色，有光泽，长卵圆形。前胸背板发达，密生刻点，小盾片色较深，有光泽，两侧边缘淡黄色。鞘翅色浅，上有不明显的3～4条隆起线。胸部腹板及足黄褐色，上着生有细毛。腹部黄褐色，密生细绒毛。复眼深红色，触角9节。鳃浅黄褐色，叶状。六足长度相近，胫节内侧有尖锐锯齿。足腿节和胫节黄色，其余均为深褐色，前足胫节外缘具2个钝齿，前足、中足大爪分叉，后足大爪不分叉（图4-17）。

（2）卵。乳白色，初产时椭圆形或长椭圆形，长1.6～2.0毫米，宽1.3～1.5毫米。卵孵化前几乎呈圆形，淡黄色。

（3）蛹。体长18～20毫米，宽9～10毫米，长椭圆形。裸蛹初为浅白色，渐变为淡褐色，羽化前为黄褐色。

（4）幼虫。体乳白色，头部黄褐色。初孵幼虫25毫米左右，老熟幼虫体长30～40毫米、头宽5毫米左右，蜷曲呈C形，臀节肛腹板两排刺毛交错，每列10～20根。

图4-17　油茶铜绿丽金龟成虫

5. 为害特征　成虫取食叶、嫩芽、嫩梢，危害严重时可将叶片吃光，仅留叶脉，影响树体生长（图4-18）。幼虫称蛴螬，在土内为害油茶根系，造成缺苗断垄，或将植物茎基部、根系咬断，使植株枯死。

图4-18　油茶铜绿丽金龟为害状

6. 发生特点　1年1代，以幼虫越冬。翌年5月，越冬幼虫化蛹羽化，6月中旬为末期。成虫黄昏后出土活动，以19:00—20:00活动最盛，凌晨潜回土中，有假死性和强烈的趋光性，飞翔力强，寿命25～30天。7月中旬为交配、产卵盛期。每只雌虫平均产卵40粒。卵多产在树下或农田里，以深10～14厘米处最多。卵期11～12天。7月下旬至8月上旬为孵化盛期。9月下旬，幼虫大部进入三龄，即开始越冬。

7. 防治技术

（1）物理措施。6—7月傍晚雨后为铜绿丽金龟羽化期，常

集中飞翔，此时可人工捕捉。

（2）灯光诱杀。夜间悬挂黑光灯、紫光灯、频振式杀虫灯等诱杀成虫。

（3）糖醋酒液诱杀。在油茶林内每隔50米悬挂糖醋液罐诱杀，比例为糖：醋：酒：水=5：1：1：100。

（4）化学防治。幼虫期利用40%毒死蜱乳油1 500 ～ 2 000倍液、300克/升氯虫·噻虫嗪悬浮剂1 500 ～ 3 000倍液进行灌根处理；成虫期采用40%毒死蜱乳油1 000 ～ 2 000倍液或35%氯虫苯甲酰胺水分散粒剂1 000 ～ 2 000倍液或300克/升氯虫·噻虫嗪悬浮剂1 500 ～ 2 500倍液进行喷雾。

（5）生物防治。利用100亿/克孢子含量乳状芽孢杆菌，每亩用菌粉150克均匀撒入土中，可有效防治幼虫。

六、茶树星天牛 [*Anoplophora chinensis*（Forster）]

别名：白星天牛、银星天牛、花牯牛、盘根虫。

1. 分类地位 属于鞘翅目，天牛科。

2. 分布 我国分布于南方各省（包括海南省和台湾），北方以河北、山东、山西分布较多。

3. 寄主植物 主要是茶、大豆、柑橘、无花果、枇杷、苹果、梨、樱桃、杏、桃、李、胡桃等。

4. 识别特征

（1）成虫。体长1.9 ～ 3.9厘米，宽0.6 ～ 1.4厘米。触角较长，雌虫的可超出体长1 ～ 2节，雄虫超出4 ～ 5节。第3 ～ 11节基部均有淡蓝色的毛环。头部和腹面被银灰色和灰蓝色细毛。前胸背板光滑，中瘤明显，两侧具尖锐粗大的侧刺突。鞘翅漆黑，基部密布大小不一的颗粒，表面散布15 ～ 20个白色斑点，排成不规则5横列。

（2）幼虫。初孵幼虫体长6.03～8.57毫米，乳白色，头部略显黄色，老熟幼虫体长45.22～67.48毫米，圆筒形，稍扁，淡黄白色。胸部肥大，前胸背板前方左右各有1块黄褐色飞鸟形斑纹，后方有1块"凸"字形大斑纹，略隆起（图4-19）。

图4-19　茶树星天牛幼虫

（3）蛹。蛹长约30.21毫米，离蛹，乳白色，羽化前渐变为淡黄色至黑褐色，触角细长卷曲，体似成虫。

（4）卵。长5.12～6.35毫米，宽1.02～1.67毫米，长椭圆筒形，中部稍弯，初产时为白色，以后渐变为乳白色，将孵化时为黄褐色。

5. 为害特征　主要以幼虫蛀食油茶树干的韧皮部和木质部为主，先在皮层下蛀食，后蛀入木质部，幼虫期长达10个月。成虫补充营养时，取食树皮、树枝，偶尔取食树叶（图4-20）。

图4-20　茶树星天牛为害状

6. 发生特点　两年发生1代。以幼虫在被害寄主木质部蛀道内越冬。越冬幼虫于翌年3月温度回升后开始活动，4月上旬气温稳定至15℃以上时开始化蛹，蛹期25天左右。5月下旬化蛹基本结束，成虫开始羽化，5月底至6月上旬为成虫羽化高峰期，8月下旬仍有少数成虫羽化，至10月仍可见到成虫活动。成虫羽化后啃食寄主嫩枝皮层补充营养，10～15天后交配。一般

于6月中上旬开始产卵，产卵高峰期在6月下旬至7月中旬，可持续至8月中旬。

7. 防治技术

（1）人工防治。在6月初成虫羽化后进行人工捕捉；也可利用木锤对明显的产卵处进行锤杀；或将铁丝伸入蛀道，钩出虫粪再钩杀幼虫。

（2）化学防治。采用吡虫啉、噻虫嗪、杀螟硫磷、氯氰菊酯等药剂在成虫期喷洒树干，幼虫期则进行树干注射。

（3）生物防治。成虫期采用黑褐色诱捕器放置性诱剂或植物源引诱剂。释放花绒寄甲、肿腿蜂等天敌。喷洒球孢白僵菌进行防治。

七、桃蛀螟（*Dichocrocis punctiferalis*）

别名：桃蛀野螟、桃蛀心虫。

1. 分类地位　属于鳞翅目，螟蛾科。

2. 分布　国内分布于华北、华南、中南、西南、西北地区以及台湾。国外分布于日本、朝鲜、韩国、尼泊尔、越南、缅甸、泰国、马来西亚、印度、斯里兰卡等国家。

3. 寄主植物　主要是油茶、板栗、桃、梨、荔枝、枇杷、龙眼、向日葵、玉米等100余种植物。

4. 识别特征

（1）成虫。体橙黄色，体、翅表面不均匀分布黑斑点，似豹纹；胸背、腹背各节均分布有数个黑点。

（2）卵。椭圆形，表面粗糙。

（3）幼虫。体色多变，有淡灰褐、暗红及浅灰蓝等色，体背有紫红色。头部暗褐色，前胸背板灰褐色，各体节都有粗大的灰褐色斑（图4-21）。

（4）蛹。长13毫米，初淡黄绿后变褐色。

5. 为害特征　主要以幼虫自果柄蛀入果内取食种仁，造成油茶果柄干枯，油茶果开裂，8—10月部分受害油茶果会脱落。部分幼虫也可从油茶果表皮蛀入（图4-22）。

图4-21　桃蛀螟幼虫

6. 发生特点　两年发生1代。以幼虫在被害寄主木质部蛀道内越冬。越冬幼虫于翌年3月温度回升后开始活动，4月上旬气温稳定至15℃以上时开始化蛹，蛹期25天左右。5月下旬化蛹基本结束，成虫开始羽化，5月底至6月上旬为成虫羽化高峰期，8月下旬仍有少数成虫羽化，至10月仍可见到

图4-22　桃蛀螟为害状

成虫活动。成虫羽化后啃食寄主嫩枝皮层补充营养，10～15天后交配。一般于6月中上旬开始产卵，产卵高峰期在6月下旬至7月中旬，可持续至8月中旬。

7. 防治技术

（1）人工防治。清理地上掉落的油茶果及落叶杂物等，集中收集在一起，移出油茶园做焚烧处理，尽量消灭隐藏其内越冬的幼虫，降低虫口基数。

（2）物理防治。在每亩地悬挂性诱捕器或糖醋液罐6～10个诱杀桃蛀螟成虫，糖醋液配比为糖∶醋∶酒∶水＝

1 ： 2 ： 1 ： 16。

（3）化学防治。对未蛀入果内的初孵幼虫，采用4.5%高效氯氰菊酯乳油1 500 倍液、25%阿维·灭幼脲悬浮剂2 000 倍液、25%甲维·灭幼脲悬浮剂2 000 倍液、5%杀铃脲悬浮剂1 000 倍液、1%甲维盐乳油1 000 倍液、10%阿维·除虫脲悬浮剂800 倍液、50%杀螟硫磷乳油1 000 倍液进行喷洒。

（4）生物防治。人工释放赤眼蜂。

八、油茶碧蛾蜡蝉 [*Geisha distinctissima*（**Walker**）]

别名：橘白蜡虫、碧蜡蝉。

1. 分类地位 属于半翅目，蜡蝉科。

2. 分布 我国分布于黑龙江、吉林、辽宁、陕西、河南、山东、上海、江苏、浙江、安徽、台湾、福建、江西、湖北、湖南、重庆、四川、云南、广东、广西、贵州、海南、澳门。国外分布于日本、越南以及朝鲜等国。

3. 寄主植物 主要是油茶、板栗、龙眼、甘蔗、落花生、菊花、绣球、山茶、茶梅等100余种植物。

4. 识别特征

（1）成虫。体长为6 ~ 8毫米，翅展为18 ~ 21毫米。体翅为黄绿色。顶短，略向前突出，侧缘脊状，带褐色；额长大于宽，具中脊，侧缘脊状带褐色；唇基色稍深；喙短粗，伸达中足基节处；复眼黑褐色，单眼黄色。前胸背板短，前缘中部呈弧形突出达复眼前沿，后缘弧形凹入，翅脉黄色，翅面散布多条横脉。后翅灰白色，翅脉淡黄褐色。足胫节和跗节色略深（图4-23）。

（2）卵。乳白色，纺锤形，长为1.5毫米，一端较尖，一侧略平，有2条纵沟，一侧中后部呈鱼鳍状突起。

（3）若虫。体长形，扁平，绿色，覆白色蜡絮；复眼灰色；触角和足淡黄色；腹末截形，附1束白绢状长蜡丝。初孵若虫体长约2毫米，老熟若虫体长为5～6毫米。

图4-23　油茶碧蛾蜡蝉成虫

5. 为害特征　碧蛾蜡蝉以成虫和若虫刺吸嫩梢、叶片取食为害，使新梢生长迟缓，芽叶质量降低。雌虫产卵时刺伤嫩茎皮层，严重时使嫩梢枯死。若虫分泌蜡丝，严重时枝、茎、叶上布满白色蜡质絮状物，致使树势衰弱。此外，该虫排泄的蜜露还可诱发煤烟病。

6. 发生特点　江西1年发生1～2代。以卵在寄主嫩茎皮层或叶片组织内越冬。越冬卵于4月孵化，第一代成虫于6—7月出现。第二代成虫11—12月发生，卵产于油茶树中下部新梢皮层组织内。

7. 防治技术

（1）农业防治。在碧蛾蜡蝉产卵后期对油茶树进行合理修剪，主要是对上层枝条进行修剪，之后将枝条清除出园并集中烧毁。

（2）化学防治。在成虫发生高峰期之前（8月上旬），喷施吡蚜酮、阿维菌素、吡虫啉及啶虫脒，由于该虫体特别是若虫被有蜡粉，在防治时最好加入少量的洗衣粉或机油，可显著提高防效。

（3）生物防治。在油茶园周边种植梁子菜、苍耳等草本植物作为隔离带来诱集成虫取食产卵，之后集中喷药，或在产卵后期对隔离带进行修剪焚烧，降低翌年虫口密度。

第三节
病虫害生态综合防治技术

随着社会发展和经济、技术条件的改善，害虫防治策略也处于不断发展变化中，由于人们对生态环境保护意识逐步提高，油茶病虫害防治也开始提倡生态综合防治，即在认真贯彻"预防为主，积极消灭"方针的同时，采取以相应的营林技术为基础，生物及有机农药防治相结合的生态综合防治措施。

一、加强抚育管理，提高油茶抗病虫能力

（一）掌握规律，抓住重点

掌握病虫害发生、发展规律，搞好预测、预报工作，抓住薄弱环节，合理使用农药，及时防治；同时调查、摸清病情，确定防治重点。

不同林地病情有轻有重，产量高低差异很大。那些发病不严重、产量低的林地无需防治。在病虫害盛发之后（一般8—9月）进行普查，标记重病虫株和重病虫区。防治重点应放在那些产量高、发生病虫害严重的单株或林地。

（二）选优去劣，减少病虫源

种植管理油茶林，留优去劣，选抗病良种更替易感病劣株，清除病树、病枝与病叶，减少病虫源。

现有的油茶林品种混杂，单株产量悬殊，抗病性差异很大，应进行改造。以便保留产量高、病虫害轻的单株，淘汰或用优

良高产主推无性系健壮嫁接苗改造产量低、病虫害重的劣株。特别是历史病株，产量很低，是病原菌滋生场所和发病中心，应坚决淘汰清理出林外，补植或嫁接抗病丰产类型。因此，要大力抓好种苗的检疫工作，选育高产、优质、抗性强的品种类型，特别注意要选用抗炭疽病的单株用于育苗。

另外，应及时清除病树，减少病虫源。病虫源的多少直接关系到危害的轻重。清除病部，减少早春的初侵染来源，是防治油茶炭疽病等病虫害的有效措施。具体做法是：冬、春修剪，在病虫枝、病虫梢部以下5厘米处，剪除病组织，涂波尔多液以保护伤口。夏季剪除病虫梢，摘除早期病果（图4-24），抹掉大枝和树干上的不定芽。

图4-24　油茶象甲蛀孔

（三）改善经营措施，提高油茶抗病力

病虫害发生蔓延与环境条件的关系十分密切。合理的经营管理可提高单株甚至林地的抗病性，不利于病菌和害虫的传播蔓延。

油茶林的垦复与套种，要防止全垦作物单一化，要注意保留杂草、杂灌木带，并且有计划地种植绿肥，提高林地覆被率，增加吸引昆虫的植物种类，以利于林地水土保持，增加昆虫种群，为天敌昆虫提供更多的食料，创造良好的越冬越夏环境。至于采用哪一种方式，要根据越冬病虫的具体情况而定。如茶毒蛾、油茶尺蠖、油茶枯叶蛾和金龟子类危害严重的油茶林，

在冬季深垦可杀死许多越冬害虫，在秋、冬、早春进行整枝修剪，可除掉茶梢蛾、蛀茎虫和天牛等部分越冬害虫和侵染病源。所以，只要把每一次经营管理措施与病虫害防治紧密地结合起来，就能达到消灭病虫害、保护天敌、促进油茶林生长的目的。

另外，在油茶林中套种忌用高秆作物，以免林内湿度过大。过密的油茶林，应适度整枝修剪，适当疏伐，淘汰病劣株，既可修去病部、减少病源，又可改善林内通风透光条件，形成丰产树冠。施肥要合理，避免单施氮肥，要注意增加磷肥与钾肥。不套种的林地要加强培育管理，"三年一冬挖，或三年二头挖，一年一伏铲"，作业时要避免油茶树主杆与大枝的损伤，防止病菌从伤口侵入。通过对油茶林加强抚育管理，改善林地卫生条件，可以增强树势，提高油茶林抗病虫害的能力，减少病源和虫源，抑制病虫害的发生。

二、保护利用天敌，大力进行生物防治

生物防治有其独特的优点，对人畜安全，不污染环境，对油茶与间作农作物无不良影响，一般也不会产生抗性等。其中最有价值的是各种捕食性天敌昆虫、病原微生物、寄生性昆虫和鸟类，这些生物资源在茶林中十分丰富，具有广泛的利用前景。

（一）保护和利用捕食性天敌

油茶病虫害天敌种类很多。据调研，仅油茶刺绵蚧就有捕食性瓢虫四种天敌，其中黑绿红瓢虫是主要的捕食性天敌。曾试验，在油茶林中，油茶刺绵蚧若虫指数为50%的情况下，只要平均每株释放1头黑绿红瓢虫，就能基本控制刺绵蚧的为害；小黄蚂蚁对茶梢蛾的蔓延也可起到一定的抑制作用。

（二）利用寄生昆虫与寄生菌

油茶虫害的天敌寄生蜂、寄生蝇很丰富。如茶梢蛾有姬蜂和小蜂等很多种寄生性昆虫，茶蛸蛾小黄蜂自然寄生率高达67.6%。将含孢量为8亿/毫升的寄生油茶刺绵蚧的座壳孢菌100 ～ 150倍液喷洒油茶林，刺绵蚧致死率为70% ～ 80%，防治效果十分显著。另外，如蛀茎虫幼虫、蛹的寄生蜂，茶毒蛾的天敌松毛虫黑卵蜂，在自然界也有较高的寄生率。

（三）性引诱与性信息在害虫防治中的应用

利用雌雄成虫性分泌物相互吸引的特性，用人工提取或人工合成的性诱剂，对异性昆虫进行引诱捕杀。如进行茶毒蛾雌性激素提取物林间试验，显示出对雄性茶毒蛾有很强的吸引力，利用它制成的性诱剂，对控制茶毒蛾的扩散效果显著。

（四）利用昆虫不育技术防治害虫

应用辐射、化学不育、遗传不育等方法处理害虫的蛹或成虫，使其不育。如用2.5万 ～ 3.5万伦琴剂量的钴60辐射油茶尺蠖蛹，其羽化出来的成虫在交尾、性竞争习性等方面均不受影响，但能产生了不育的效果。

第五章 PART FIVE

油茶低产低效林改造技术

目前，江西及我国油茶产业发展问题突出：原有大面积油茶老林（50—60年代采用实生苗及农家品种营造的林分，林龄20～50年）由于品种老化与缺乏科学管理等问题仍处于低产低效状态；现有规模化新造油茶良种林（林龄在20年以下）大多潜能未得到充分发挥，产量不高，尤其是当前进入盛果期的高产油茶由于品种、密度及水肥管理、修剪等技术研究与落地应用滞后的问题，良种产能未得到充分发挥，达不到预期产量和产值，规模化油茶种植基地产量和经济效益的提升方面仍未寻找到十分有效的途径。

第一节
低产低效林形成原因

综合分析，油茶低产低效原因具体表现在以下几个方面：

一、低产低效林精准改造与提升技术不匹配

低产油茶林天然形成、种质混杂、异龄老化、经营粗放等致低成因仍不够清晰，缺乏全面系统性分类实施、精准施策改造的理论与技术方法；多年来我国南方推广的油茶数十个优良无性系中未达产的良种需深入分析其原因，尤其需针对新造低产林提出

分类实施、品质精准施策提升的匹配技术与示范林建设。

二、高产油茶林分密度大，产量、效益不高

现有油茶高产林由于早期的政策导向，大部分初植密度过大，进入盛产期后，大多林分郁闭度超过0.7以上，经营者不舍得间伐，林内通风透光度差，病虫害发生率高，林分抚育管理（施肥、垦复等）困难，油茶不仅产量与效益低，而且采摘作业难度高。

三、品种适地适栽率低与配置栽培品种不精确

油茶林林分普遍表现种质混杂、良莠不齐，良种油茶新造林2017年前推广品种多达55个，部分品种分化比较严重；且在生产中油茶品系的盲目配置，均影响林分充分授粉结实，导致油茶高产林"有花无果"、产量低；现提出10个主推良种配置造林，但因前期对良种生态适应性评价不足，导致良种适地适栽性不匹配，良种产能未得到充分发挥甚至低产。

四、整形修剪规模化、精准化应用程度低

适合油茶生长特性的整形修剪理论与技术方法研究水平低，树形培育与修剪措施仍处于生产经验阶段；缺失基于林分指数面积结实、分（多）层结果与经济树种的环剥或开甲、压条等控制营养输送与传导的理论与技术。

五、水分养分丰产栽培管理技术水平差

油茶林分大小年仍较明显，干旱频发是影响因素之一；油

茶产业迫切需要深入分析油茶树水分需求规律、适宜给水时间，以及水分、产量与含油率间的相互关系，显著提升油茶水分高效管理水平；并配合开展林地养分因子尤其是微量元素对产量影响与制约关键技术的研究，总结和推广轻简节本的水肥及配套耕复、除草与病虫害防治的抚育管理措施。

第二节
低产低效林主要提升技术

针对低产低效林形成原因，对其改造可采取林地改造、合理修剪与高接换冠三项主要措施。

一、林地改造

油茶低产林主要是杂灌丛生、立地条件差、水肥不足等环境不适造成的。对于有杂灌的林地，首先要进行全面清除，利于后续作业。在清理林地时，不但要清除杂灌，老、残、病株也要一并砍掉。林地改造措施可以有效改善林地质量，恢复林木生长势。

（一）除杂垦荒

1. 垦复的优越性及原则　油茶荒芜林内杂草灌木丛生，林间通风透光不良，水肥被夺，油茶成为下木被压，严重影响了油茶的生长结果。对于此类油茶林，如果油茶比重大，林地条件好，适合油茶生长，应及时挖去其他杂木，改造成油茶纯林。除杂垦荒，不但能根除与油茶争夺水肥的杂草灌木，而且可以疏松土壤、增加肥料、减少病虫害发生，为油茶长枝发叶、开花结果创造良好的条件。因此，砍灌垦复是改造低产油茶林的一项重要措施。长期荒芜的油茶林，应先砍灌后垦复，进行全面深挖。深挖时要把泥土盖在杂灌上，做成一条条水平环状土埂。埂距视杂灌多少而定，一般2米左右，既可截留雨水、减少地表径流，又加速了杂灌腐烂，增加土壤的水肥。

除杂垦荒要因地、因时进行。一般要遵循以下原则：冬春深挖，夏季浅挖；冠外深挖，冠内浅挖。除杂垦荒要深翻垦复，深度在20厘米以上，将土块翻过来，要坚持"三年一深挖，一年一浅锄"的习惯，才能巩固深挖垦复的成果。特别是第一年秋、冬深挖以后，第二年夏季一定要浅锄一次，才能有效地消灭杂草、疏松土壤。

2. 垦复方法

（1）全面垦复。适用于地势较平坦、坡度不大的油茶林地。坡度较大的林地可采用留带保土全垦法，即"头戴草帽，腰围草带，脚穿草鞋"，在山头、山腰、山脚各留3～4米宽带不垦，待下年再垦，以利水土保持。

（2）带状轮垦。适用于坡度在30°左右的林地。沿等高线进行隔带垦复，带间宽度根据油茶的行距与坡度大小而定，逐年更替垦复。

（3）穴状垦复。适用于坡度在25°以上或油茶稀少的混交林地。先进行全面铲除杂草灌木，然后再围绕油茶植株的树冠垂直投影处，深挖垦复，边挖土边培根，并将杂草灌木埋入油茶根盘内。

（二）林地维护与保墒

"三保山"中的"三保"是保水、保土、保肥。通过修筑水平梯带，使层层梯带蓄积雨水，拦沙挡泥，既能保持水土、提高土壤肥力，又能以耕代抚，而且便于管理，使油茶山越种越肥，产量不断提高，达到优质高产的目的。其具体技术措施是：

1. 修筑水平梯带 坡度15°以下的林地，梯面宽度不能少于2.5米；坡度在15°～25°的林地，梯面不能少于1.7米；坡度25°～30°的林地，梯面不能少于1米。梯面要里低外高，带距2.5～3米。株行距不等的油茶林，梯带的延伸要以保持水平为原则。

2. 挖竹节沟 可达到蓄水保土效果。即在种植水平条带内侧顺自然地势开挖水平竹节型蓄水沟（图5-1），竹节沟底宽30厘米，深30厘米，沟长1.5～2.0米。坡度陡、地形破碎不便于开挖竹节沟的，可开挖鱼鳞坑。沟距根据林地坡度大小而定，坡度大于15°时，上下沟距8米；15°以下时，沟距可以设为10米。山顶与山脚的通顶沟要挖在山的分水线上，不宜挖在合水线上。

图5-1 竹节沟开挖

（三）林地施肥

油茶低产林生长发育不良、产量偏低，与土壤严重缺肥有很大关系。因此，结合垦复，增施大量有机肥与适量复合肥，是大幅度提高油茶产量的关键技术措施。

1. 林地施肥原则 大年以施磷肥和钾肥为主，小年以施氮肥为主。秋冬以有机肥为主，春夏以速效肥为主。大树多施，小树少施。丰产树多施，不结果或结果甚少的树少施或者不施。

生长势强的树少施氮肥，多施磷肥和钾肥；生长势弱的树要多施氮肥。立地条件好、生长势强的树多施磷肥和钾肥；立地条件较差、生长势弱的树多施氮肥。

2. 施肥方法

（1）施肥量。每亩施磷肥40～60千克，钾肥15～20千克，氮肥15～40千克，有机肥667千克以上。

（2）方法。施肥时，在上坡沿树冠外缘投影地开半圆形环状沟，沟深20厘米左右，进行沟施（图5-2），再覆土。肥料不能施在表面，也不能堆在一起，否则将助长地面杂草生长。

图5-2 林地施肥

二、合理修剪

科学修剪油茶树是促进低产林改造与优质高产的一项重要措施。成年油茶树性喜光，一年到头花果不离枝，需要大量的营养物质和充足的阳光。而自然生长的油茶林，树冠郁闭紊乱，枝头密生，交叉重叠，光照不足，容易衰老，落花落果和大小年现象严重。实践证明，经过修剪后，油茶树体结构合理、通风透光，枝梢健壮、花蕾粗大，结果均匀、落果率降低，产果量和出油率增加。研究表明，修剪的油茶树比不修剪的可增产30%～100%。

（一）修剪时间

油茶修剪一年四季都可进行，以采收后到春梢萌发前这段期间最适宜。此时，树体需要的养分、水分相应减少，树液流

动缓慢，伤口容易愈合；并且气温低，湿度小，病菌活动能力弱，不易从伤口侵入，还能减少因修枝而脱落的果实。但是，历年冰冻严重的地区，修剪宜在气温回升后的早春进行，一般为赣南等低山地带。

（二）修剪方法

油茶修剪应根据品种、树龄、林相和树形等综合考虑，选用科学的修剪技术，才能取得好的效果。霜降子树分枝矮而密，中心徒长枝多，要适当疏删中心过密的徒长枝和脚枝，通风透光，以利开花结果。寒露子树冠高，向上徒长，直枝竖立，侧枝多而细，应采取上控下促、扩大冠幅的办法，短截冲顶枝，疏去短碎枝，以利开花结果。具体操作技术如下：

1. 幼树定干　定植后，在干高40～50厘米进行短截，剪去树干离地面20厘米以下的下脚枝并抹除萌芽条。第2年冬季选留3～4枝生长健壮、分布均匀、枝间距5～10厘米的枝条作主枝，将上述主枝外其余枝均截除。在主枝上距主干30～40厘米处选留一强枝培养成第一副主枝，在每个副主枝上均匀保留2～3枝作辅养枝。第3至5年在第一副主枝上每隔30～40厘米处选留第二、第三副主枝，副主枝生长方向相互错开。栽植后2年内应及时除去花蕾，促进树体营养生长。第3年可适度保留少量花，以吸引传粉昆虫与种群繁殖。

2. 低产林幼树的修枝整形

（1）自然圆头形。在离地面30～40厘米高的主干上，选留3～4个向四面均匀开张的主枝，在每个主枝上选留3～4个均匀交错的侧枝，使其逐渐扩大形成树冠。剪除主干30厘米以下的下脚枝、衰弱枝、交错枝、病虫枝，短截生长过于旺盛的徒长枝，促进树冠形成球形（图5-3）。

（2）自然开心形。油茶造林后1～2年树体顶端萌发的新

图5-3　自然圆头形整枝过程

梢，应尽量保留，培养骨干枝，使其迅速形成树冠。树干离地面30厘米以下的侧枝及时全部疏剪，30厘米以上的侧枝适当疏剪（图5-4）。

图5-4　自然开心形整形过程

（3）疏散分层形。有明显的主干，主枝分层着生在中心干上，主干高60厘米，第一层由相近的3个主枝组成，第二层为

1 ～ 2个主枝，第一层主枝层间距为40厘米，主枝水平夹角为120°，开张角度60°～ 70°，每主枝上着生2 ～ 3个侧枝；第二层主枝距第一层主枝100 ～ 120厘米，开张角度50°～ 60°，与第一层主枝插空着生，每主枝选留1 ～ 2个侧枝。各层主枝上的侧枝要顺方向排列（图5-5）。

图5-5　疏散分层形整形过程

3. 成林低产林的修枝　成林油茶树体骨架已经形成，修枝的主要目的是解决生长和结实的矛盾，使其相互适应，充分利用空间。因此修枝强度也不宜过大，修枝的对象是枯枝、病虫枝、衰败枝、徒长枝、细弱枝、过密重叠枝、交叉枝、下脚枝，保持单株"清脚亮心"，逐渐培养出开张形和受光面大的半椭圆形或半圆球形的树冠，以增加结果面与提高产量。枝条的修剪主要包括：

（1）结果枝的修剪。一般情况下，只修剪特别细弱、交错、过密和有病虫的结果枝或枯死结果枝。修剪强度不宜过大。

（2）下垂枝的修剪。油茶成林特别是老林，下垂枝增多，这些枝条着生过低，受光不足，坐果率低，消耗养分甚多，而且影响中耕垦复或间作，应及时剪去。一般壮龄期、土壤瘠薄、不间作的油茶林，修剪强度要适度；老林、土壤肥沃、进行间作的可适当剪重些。一般说来，剪去下垂枝之后，冠形能恢复到原来的自然圆球形即可。有些下垂枝长势尚好，又着生有果实，可暂时保留，待果实采收后再剪去，也可在分枝处剪去下垂部。

（3）徒长枝的修剪。徒长枝生长旺盛，常常造成内膛郁闭，扰乱树形，消耗大量养分，使油茶树生长减弱，小枝枯死，花果极少。因此，结果初期的徒长枝不保留，应全部剪去。衰老期的油茶树要有目的地选留徒长枝，为更换树冠或主枝做好准备。生长在树干或其他枝叶密生主枝上的徒长枝应全部剪去。若生长在主枝、副主枝受损伤的地方则可以保留，从而利用徒长枝来更换树冠，延长结果年限。

（4）交叉枝和内膛枝的修剪。交叉枝和内膛枝相互交叉，重叠密接，分布混乱，树冠挤压，通风透光不良，易受病虫为害，花果甚少，须及时修剪。可先剪去病虫枝、枯枝，若枝条仍然交叉密接，再适当疏剪，使其通风透光，增加树冠内部结果面积。成林低产植株经过修枝后，应该达到小枝多、大枝少，枝条分布合理、均匀，内部通风、光照条件好，上下内外都开花，形成立体结果，提高产量。

4. 丛生油茶树的修枝　成林低产林不少是丛生，即一穴多株，主干多，树冠拥挤，枝条重叠，受光不足，内膛空虚，着果趋于表面，易遭病虫危害，产量很低。修枝的方法是：逐步除去一部分生长弱、病虫害危害严重和劣种的植株或萌芽条，用刀剥去蔸上的树皮，使其不萌发。同时，剪去弱枝、病虫枝、过密枝、交错枝、枯死枝和下垂枝，使其逐步形成多干半圆球形树冠（图5-6）。

为了使当年产量不受影响，修剪最好分年分批进行。油茶的修剪要按照"大空小不空，内空外不空，打阴不打阳，剪横

图5-6　丛生油茶树修剪前（左）与修剪后（右）

不剪顺"的原则进行。修枝时要紧贴树干或主枝，切口要光滑，防止撕裂切口周围的枝皮而损伤树体。修枝时，刀、剪、锯要结合使用，做到剪去脚枝不伤枝，锯掉残桩不藏蚁，病虫枯枝全剪去，上控下促树冠齐。修枝时间可以灵活掌握。

冬春结合挖山垦复同时进行大枝干、蚂蚁枝修剪及幼树定形，以利新枝萌发，更换树冠，减少病虫害发生。夏季结合中耕修剪徒长枝、下脚枝和枯枝，使林内通风透光，多着生花果，提高产量。修剪下来的枝条要及时运出林外烧毁或掩埋，以减少病虫害的发生。

三、高接换冠

高接换冠技术即在油茶大树主干上嫁接现在主推的油茶品种，以代替原来劣势品种的技术措施，是改变油茶低产植株品质、提高产量的主要措施。近年来，在江西省实施高接换冠改造的低产油茶超过1 000万株，成活率达90%，2年恢复树势，3年挂果，5年达到丰产。

　　实践证明，选择好季节，高接换冠是改造低产油茶树，使其提高产量和品质的有效措施。高接换优技术要点如下：

（一）砧木林选择

　　选择立地条件较好、长势生长较旺盛的油茶林，宜选用树体生长较好、具有角度适当的3～5个分枝、干直光滑、距地面高度50～80厘米的主枝作嫁接砧木。根据现有树体大小、树势强弱等控制密度，对于密度过大的林地进行疏伐。

（二）林地清理

　　嫁接前一年的冬季宜进行林地抚育施肥，增强嫁接树的树势；其次，开展林地清杂，并将杂灌等移至林地外。

（三）嫁接时间

　　春接时间在2月中旬至3月上旬，夏接时间多在5月下旬至7月上旬，即穗条达到半木质化后及时嫁接；秋接宜在9—10月。

（四）穗条的采集与储藏

　　采集树冠中上部外围发育良好、无病虫害、腋芽饱满的当年生半木质化枝条（春季选一年生木质化枝条，腋芽饱满未萌动），夏季采穗以早晚为宜。随采随用，分品种用锋利枝剪采集装袋后贴上标签，调运的穗条要做保湿处理，存放于阴凉处或于4℃冰箱保存（图5-7）。

（五）嫁接

　　采用插皮接法或切接法进行高接换冠，插皮接分为断砧、洗砧、削砧、削穗、切砧、插穗、绑扎、消毒、保湿、遮阴8个步骤；切接法除切砧、插穗外，其余均与插皮接相同。

图5-7　穗条采集与储藏

1. 断砧　选作砧木的主枝在离地面50～80厘米处锯断（图5-8），注意防止砧木皮层撕裂，保持断面平整。每株树留2～3个主枝作营养枝为嫁接砧提供养分与遮阴，其他枝条和植株附近地面的杂灌草全部清除。

2. 洗砧　用加入1%多菌灵等消毒剂的清水洗净砧面及砧面下0.1米内的主枝，再用清水或凉开水冲洗嫁接口部位（图5-9）。

图5-8　选砧与断砧　　　　　　　图5-9　洗　砧

3. 削砧　插皮接时用嫁接刀削平锯口，削面里高外低，略有斜度（图5-10）；切接时为用嫁接刀削平锯口，再在相对的两边进一步削出里高外低的削面，且两边的斜度需控制在5°左右（图5-11）。

4. 削穗　插皮接法削穗时，左手握住枝条，右手用单面刀

图5-10 插皮接削砧和砧木开皮

图5-11 切接削砧和切砧开口

片，在距芽约0.5厘米处向下削出一平滑切面，深达木质部，切面长度与嫁接口长度相当，将背面削成马耳形斜面，每穗带1～2个芽，长3.0厘米左右。切接法削穗时把穗条两边削成同等长斜面，其他与插皮接法一致（图5-12）。

5. 切砧、插穗 插皮接法时用刀片在砧木断口垂直向下长约3厘米处切下，深达木质部将皮撕开。将接穗长切面对准砧木嵌入开皮槽内，穗条长削面稍高出砧木断面（稍露白），每个砧接2～5个接穗（图5-13）。

图5-12 削 穗

切接时用利刀在砧木两斜边处木质部开深口，深长约3厘米；将接穗两切面对准砧木嵌入木质开口内，每个砧可接2～3个接穗。

6. 绑扎 穗条插入后，用宽1.5～2.0厘米电工胶带，自下而上绑扎接穗，绑扎时要拉紧，并扎上2根长10厘米的干净小枝以支撑保湿袋（图5-14）。

图5-13 插入穗条　　　　　图5-14 绑 扎

7. 消毒、保湿 绑扎好后，用0.2％浓度多菌灵等杀菌药水对砧头及穗条与撑枝喷洒消毒；随即套上厚0.03～0.05厘米的塑料袋，袋长12～20厘米、宽5～10厘米。如果砧木较粗，则根据实际情况选择保湿袋大小，随后扎紧袋口使之密封保湿（图5-15）。

图5-15 消毒与套袋保湿

8. 遮阴 用笋壳按东西方向扎在保湿袋外层作遮阴用（图5-16、图5-17），绑扎时注意使遮阳材料与保湿袋保留2厘米左右的间隙作通风孔。也可以全林搭建透光度75%以上的遮阳网。

图5-16 牛皮纸遮阴　　　　　图5-17 笋壳遮阴

（六）接后管理

1. 保湿、除萌与解绑 保湿袋如被虫蚁等弄破需及时更换保湿；高温高湿的天气下，保湿袋与遮阳罩可能积水，需及时

松绑将积水放掉后重新套袋绑紧；待新梢长出3～5片真叶或5
厘米以上时解除保湿袋，解除前先将保湿袋剪开一小口，待新梢
适应了外界环境后，于阴天或傍晚拆除保湿袋，但注意保留笋
壳继续遮阴。此外，枝干上的萌芽枝条要及时抹除（图5-18）。

图5-18　放保温袋（左上）、除萌（右上）、除袋（左下）与解绑（右下）

　　当新梢长高触及罩时适当上移，10月底新梢变绿时，解
除笋壳，翌年春季拆除胶带，对没有抽梢的接芽宜在翌年进行
解绑。

　　2. 萌梢截干　对嫁接后穗条萌梢生长良好的大树，于冬
季12月至翌年2月对其营养枝进行截干，截干后用油漆或凡
士林密封断面，截干后及时除去砧木上的萌芽枝。嫁接后新

梢生长较差或芽未抽梢的大树，可保留其营养枝至翌年截干（图5-19）。

图5-19　萌梢截干

3. 施肥　于冬季施肥，每株视植株大小施5～10千克有机肥与0.2千克复合肥，距离树干基部30厘米以外或沿树冠投影地外沿挖环状沟或条状沟进行沟施，沟宽20～30厘米、深25厘米左右，填埋部分枯枝落叶后覆土，并结合施肥进行林地垦复。

4. 整形修剪　以冬季为主、夏秋季为辅，剪除病虫枝、枯死枝、交叉枝等，使树冠均衡发展。

第三节
预植更新及复壮措施

一、预植更新

凡是品种类型很差、树势衰老、生产能力很低的油茶林，应该彻底改造更新。但考虑到老油茶林全部砍伐而全面整地新

造林投入较大，而且新造林3～5年几乎没有经济收入，因此，提倡采用预植更新的方法，即采取不砍掉全部老树，而是先栽后砍，即待新栽油茶林投产后，再分期分批，逐步把老树砍去，使原来的老林变成一片新林。

油茶林预植更新的具体操作是：在老残林、低劣林内，按等高水平和栽植的株行距，拉线定点，处于栽植点上的老油茶树原则上都要砍掉、挖蔸，重新整地造林，其余的树暂时保留。对一些无生产能力的老残树、病虫害严重树，特别是感染了油茶炭疽病和软腐病的树木，全部予以挖除。

栽植油茶应用三年生以上的良种容器袋大苗，并每株增施有机肥10千克与复合肥1.0千克做基肥。油茶林栽好后，可通过间种加速土壤熟化，促进新造幼林迅速生长。随着幼林的长大，对原来保留的老残树进行缩冠修剪。凡是对幼林生长有影响的枝条，都要除去，以减少对油茶幼树的荫蔽，为幼树健康成长创造条件。待幼树普遍开花结实，再逐步把老残树全部砍除、挖蔸，保障油茶幼林的茁壮成长。

二、其他更新复壮措施

对于衰老油茶林，其生长势减弱，产量逐年下降，要及时进行更新复壮。其常用的措施有以下4种，可根据具体情况选用。

（一）截干更新

在冬季或早春，于离地10～20厘米处锯断老弱油茶树的树干，待萌芽条长到几厘米高时，选择长势最旺的萌条2～3根作主枝，将其余的枝条除去。经过3～4年，更新油茶树即可开花结果，开始投产。

（二）截枝更新

在冬季或早春，将主枝保留25～30厘米长后截断，待其萌发新枝后，从中选留2～3根健壮的萌条作为主枝，其余的除去。经2～3年，截枝油茶树即可形成新的树冠。

（三）短缩更新

在冬季或早春，把骨干枝顶端部分按其衰弱的程度，酌量剪缩，使树冠缩小，重发新梢，恢复树势。

（四）露骨更新

在冬季或早春，对老弱油茶树，仅保留主枝和副主枝，而将其余三至四年生的枝条全部剪去，使树冠内不留枝叶，骨干枝完全暴露在外。当年，露骨修剪的油茶树即可萌生新枝，恢复树冠。

以上更新措施，必须将较大的伤口用利刀削光滑，切面略呈倾斜，并涂抹伤口保护剂以防止日灼。同时，要加强施肥抚育等管理工作。

第六章 PART SIX

油茶林复合经营技术

　　油茶是我国南方重要的经济林树种，也是保障国家粮油安全的重要木本食用油料树种之一。然而，油茶林种植前四年一般每亩投资3 500 ~ 4 000元，如按油茶高质量产业发展基地的建设要求，每亩平均投资需5 000元以上，且种植前3 ~ 4年基本上无收入，种植5 ~ 6年后进入丰产期，8 ~ 10年以上才能回收成本。这种前期投入大、投资回收期长的瓶颈问题，较大程度地制约着油茶产业的发展。

　　林农复合经营是现代农林业发展的重要趋势。油茶属多年生植物，按株行距2米×3米即每亩110株左右的密度，从种植到树冠形成、林间郁闭只需6 ~ 7年；如按株行距3米×4米即每亩55 ~ 74株的密度，种植到树冠形成、林间郁闭也需4 ~ 5年。因而油茶在幼林期间拥有充足的空间，为获得一定经济收入并充分利用土地资源，需采用正确合理的间种模式，不但可调节油茶林地的小气候，而且可起到以耕代抚和以耕代管的作用，发挥土地的综合效益，提高农民的经济收入，形成油茶林地高效种植模式。

　　到成年，油茶林林间郁闭，林下空间只适合耐阴植物的生长，也可用于家禽饲养，家禽所产生的粪便等可以循环利用作为油茶林的肥料。因此，如能筛选出合适的立体循环复合经营模式并应用推广，将对我国南方油茶林经济效益的提高必将起到积极的作用。

第一节
复合经营概念和原则

一、复合经营概念

农林复合经营又被称为农用林业、混农林业或农林业，是指于同一土地上，在空间位置上与时间顺序上，将多年生木本植物与农作物或家畜动物结合在一起而形成的所有土地利用系统的集合。在这类系统中，植物与非植物成分之间必然存在明显的生态学和经济学的相互作用。

二、复合经营原则

要做到油茶与间种作物共同获得良好的促进效应，必须注意并遵循以下原则：一是套种作物与油茶幼树保持一定距离，一般60～100厘米，如是成林要在树冠滴水线以外；二是套种作物要以矮冠型且生长速度较缓慢的植物为主，生长速度最好不及油茶的生长速度，生长高度低于80厘米以下，超过油茶高度要尽快刈割铺于油茶林地间，避免与油茶幼树抢光；三是每年套种作物的同一地块不要与上年作物相同，尽量更换新的作物，即采用轮作方式；四是注意套种作物的根系分泌物非产生化感类型，以免对油茶生长的影响。

三、油茶林复合经营模式研究

在油茶林地中间种有利于油茶生长发育的经济作物，例如

绿肥、豆科植物和花生等，既可改善油茶林地的土壤条件，又可获得额外的经济收入。早在20世纪50年代，中国科学家就开始对油茶间种及效果进行研究，70年代以后研究力度及范围都有所增加，至今已在油茶林地间种农作物、绿肥及中草药等方面积累了丰富的经验，并取得了较好的科研成果。李云等在油茶林地内间种大豆，能改善油茶林地土壤的理化性质，促进油茶幼林生长；可改善土壤pH，并有效提高土壤有机质和氮、磷、钾的含量。福安市油茶林进行多季节和多品种间种农作物、药材、果树等，在间种的农事活动过程中，能加速土壤的熟化，改变土壤结构，促使土壤微生物活动和有机质分解，增强土壤的通透性和保水、保肥、抗旱能力，达到以耕代抚的目的。

因此，科学高效的林药种植模式可以实现林药双丰收，兼具经济、生态和社会效益。构建油茶林药模式一般原则：首先要根据中药材和油茶的生物学特性，并坚持"以油茶为主，套种植物为辅优势互补"的原则；选择既有利于油茶生长发育，同时在油茶林下与林地环境生长发育良好的中药材品种。在油茶幼林阶段，幼林树冠小、行间空旷地较大，适合套栽一些植株矮小、喜阳、生长周期短的中药材品种，如白芷、太子参、迷迭香、三叶崖爬藤。研究发现油茶幼林套种平卧菊三七、郁金、粉防己、菖蒲、白鲜后，油茶林地生境改善、经济收益增长显著（图6-1）。随着油茶林木长到成熟林阶段，原来的行距内形成较荫蔽的环境，此时适合套栽喜阴或耐阴中药材有半夏、黄精等。

大多数中药材属林源药材，在林下或林地环境下可以保持中药材固有的生态学特性，有利于形成其独特药性。对油茶林下环境间作草珊瑚模式进行研究，得出油茶＋草珊瑚复合经营可促进草珊瑚根状茎繁殖，并提高采收时的产量；油茶林采用

图6-1　油茶林套种南天星（上）与粉防已（下）

套种多花黄精的林药模式后，多花黄精产量、多糖、皂苷等有效成分含量显著高于对照。同时，林药间作种植加强了林地的集约化管理，部分中药材还能通过化感作用对油茶林木的某类病虫害发挥毒杀功能或对林下杂草生长产生抑制作用，有利于促进林木的生长发育。例如，套种的迷迭香能够显著提高油茶花芽分化率，降低树木的病虫害指数；黄菊能够抑制油茶林下白茅和狗尾草的生长。油茶林下套种岗梅、毛冬青及巴戟天对

油茶和套种的3种中药材植物生长的影响，研究结果表明，套种的3种中药材对岗梅、毛冬青及巴戟天的新梢生长与根部生物量均有显著的促进作用，对油茶新梢长度和果实质量也有显著的促进作用。对油茶林药模式的经济效益进行分析评价，结果表明，油茶林间套种中药材可以大幅提高投产前期的种植效益，提前3～5年实现收支平衡，缓解油茶林前期投入大、投资回收周期长的难题。

此外，油茶林下套种的中药材应遵循其生长的自然规律，光照、温度、水分、土壤等生态因子是影响植物生长的重要因素。在特定地域环境下，林间郁闭度、土壤、地形特点会引起光照、温度、水分等改变，继而影响林下中药材的生长发育。曾广宇通过油茶林下各区域种植紫灵芝试验也发现郁闭度与紫灵芝正常生长紧密相关，大部分紫灵芝在行间无郁闭区域失水旱死或遭虫蛀病死。赵松子总结分析油茶林套种中药材的效果，发现决明子套种在土壤条件较差的油茶幼林，既能增加地表覆盖度、提高土壤肥力，也能获得较好收益，车前子则应套种在土壤较好的油茶幼林。因此，油茶林药套种还要结合具体的条件选择适合油茶林地生境的药材品种，再规划适当的种植密度，确保林药复合种植条件有利油茶生长同时有良好的收益，从而增强农户与经营者林间套种的积极性。

第二节
间作作物选择

油茶幼林期，可利用林地间隙结合计划经营模式种植绿肥、药材、油料作物、蔬菜等农作物，以中耕施肥代替抚育，能有效地抑制杂草灌木生长，提高土壤蓄水保肥能力，改善林间小气候，降低地表温度，提高林间湿度，从而促进油茶幼林根系生长和树体生长发育。

油茶幼林间作套种，主要目的是培育保护油茶幼林，其次才是抓早期收益。因此，间作时要注意主次目的关系。在油茶幼树周围60厘米以内不能套种作物，以免影响油茶正常生长。间作必须及时施肥，花生和豆类作物的茎秆要堆沤还山，绿肥要压埋到土壤中，做到以山养山，提高林地自身肥力。

适合在油茶幼林内间种的作物很多，但要合理选择。高秆、藤本和旱季耗水量大的作物不应选用。藤蔓作物易攀缠幼树，影响幼树生长；高秆作物会遮住阳光，使油茶生长纤弱；小麦、芝麻吸肥很强，消耗地力过大，对幼树生长不利；块根作物吸肥多，同时深挖次数增多，往往伤害油茶根系。这些作物都不适合在幼林内间种。

间种作物种类的选择，以不与油茶争光、争肥、争水为原则，同时还要求适应性强，不会给油茶幼林带来病虫害为原则（图6-2）。

图6-2　间作油茶林

A.花生　B.甘薯　C.大豆　D.千斤拔　E.广东紫珠　F.麦冬

第三节
间作丰产技术

一、复合经营丰产技术

  要达到油茶复合经营丰产技术效果，种植密度、栽培方式、施肥种类与施肥量差异等是影响作物的产量和品质的重要因子。

如油茶林套种岗梅后郁闭度、密度、截干高度对岗梅根系生长发育均有明显的影响，表明根系生长指标均随着郁闭度的增加而增长，到一定郁闭度后，根系生长就会受限。因此，适当的种植密度和截干修剪均有利于油茶根系的生长发育。不同栽培方式下油茶林下套种多花黄精的产量和品质也会变化，不同坡度、坡向、栽培密度和施肥量对多花黄精的形态指标、生物量积累、根茎产量及有效成分均会产生显著影响，坡度为20°、坡向为半阴坡、氮磷钾施肥量为中等程度的经营技术措施可显著增加多花黄精的产量和品质。此外，套种位置、整地方式与油茶林药间作效果也有密切的关系。

在不影响油茶树生长的同时，间种植物要通过高产丰产获得一定的经济效益，首先是要了解该间作物的生物学特性，在林间土壤改良、施肥、间种密度、病虫害防治等抚育管理上下功夫。如间种黄菊不仅能获得经济价值，还可防止油茶林地水土流失，其枯叶残花还有肥土效果，开花时还能产生景观效果，但其本性喜阳忌阴，虽耐干旱怕涝，忌连作。因此，间种选地时要求非积水地块、地势平缓，土壤不要过于黏重，如较黏重可通过增加有机肥的施肥量来缓解。间作时采用小型机械旋耕，行间垦复两次，垦复完成后距离树兜区外0.5米外土壤套种。如果在春季多雨季节，要注意开沟防涝，间作地不能积水；栽植要深垦林间土壤后下足基肥，平时一般不再追肥；在夏秋极端干旱时，尽可能适时浇些水，不能使用农药，以获得高品质绿色生态间作产品。

二、复合经营的经济效益

经立体经营间种试验发现，油茶新造林林农复合栽培示范基地，油茶平均树高1.82米，平均冠幅3.24米^2，平均亩产鲜果

265千克，折合产油量13.25千克/亩。油茶林基地间种黑花生、水果型甘薯等作物，其中水果型甘薯平均亩产428.35千克，年收入856.7元/亩。

一般来说，油茶林套种中草药的经济效益较农作物要高。成林中套种半夏是当前较为成熟的林药模式，油茶生长量和鲜果产量均大于未套种的，提升了油茶应对高温干旱天气的能力，同时增长了林地的经济效益，如套种半夏增加的年均纯收入可达21 000元/亩。

对油茶幼林林药复合栽培示范基地的调查表明，油茶平均树高可达2.2米，平均冠幅3.64米^2，平均亩产鲜果389千克，折合产油量23.34千克/亩；油茶林间种迷迭香，亩产迷迭香105千克，年收入2 100元/亩。

在生态经济价值方面，欧丁丁等分析油茶纯林和两种油茶林药复合经营（油茶/黄栀子、油茶/黄菊）下的生态经济价值变化。结果表明油茶/黄栀子种植模式与油茶纯林每亩每年固碳释氧的价值为13 526.9元，涵养水源的价值为675.5元，高于油茶/黄菊种植模式，但油茶/黄菊种植模式的保土保肥价值较高，为759.6元。

中南林业科技大学选择了适合油茶林下种植的药用黄蕊黄菊。该菊花是传统的中药材和保健饮品，市场需求旺盛，经济效益好，且易于栽培与管理。油茶林行间种植，鲜花产量可达581.18千克/亩，产出效益即纯利3 159.92元/亩，是对照的5.13倍，可在油茶新造林早期获得丰厚的经济效益。

玉屏县在油茶林套种太子参、鹿茸菇等中草药或食用菌。套种太子参的经济收入在650～820元，而套种鹿茸菇的经济效益更好。鹿茸菇是一种味道鲜美的食用菌，菌肉肥厚细腻、清香扑鼻，含有丰富的蛋白质和多种氨基酸，种下1个多月就能有收成，一年可采收2～3茬菇，按照目前的市场价鲜菇可卖到

6 ～ 8元/斤*，干菇则可卖到50元/斤，在当地市场供不应求。可见油茶幼林间种模式需在种植前调整种植适宜密度或选择经济效益好的作物，从而达到促进油茶生长与增加经济收入，以短养长的双重效果（图6-3）。

图6-3　油茶幼林套种与收获太子参（上）和鹿茸菇（下）

三、存在的问题

当前，油茶林和农作物、药材的种植模式效果及丰产高效栽培技术往往限于单一方面研究，还未筛选出适合不同油茶林龄与立地条件的中药材品种及其复合经营的栽培模式。关于油茶林药高效生态的复合经营技术体系尚不完善，尤其是油茶低效林复合经营结构的改造、林下间种技术与高效的经营模式缺少科技支撑和模板引导，复合经营的技术水平仍然较低。随着科学研究技术的进步，油茶林药模式和油茶林间作中药材的生产水平将不断提升，带动油茶产业和中药种植产业走上一条可持续高质量发展的道路。

第七章 PART SEVEN

茶果采收与仓储

　　油茶自8月上旬开始至种子成熟时为止，是种仁油分积累的主要阶段。特别是接近成熟期前10天左右，油分积累最快。在茶果成熟期的前3天开始采收，到成熟后7天采收完。不宜过早，也不宜过迟。早了，茶籽未成熟，水分多，油分少；迟了，茶果开裂，茶籽落散，难捡拾，易遭受兽害和发霉变质，影响产量、质量。所以掌握油茶各个种类的成熟期，并根据各地的气候适时采收是十分重要的。一般寒露籽在寒露节气前后成熟，霜降籽在霜降节气前后成熟，立冬籽（交冬籽）在立冬节气前后成熟。在不同时期采收的油茶果实，它的含油率有很大差别。在露降节气（约10月24日）后5天，油茶籽含油率和种仁含油率最高，分别达到28.51%和52.49%，这正是油茶全熟期也是最适宜的采收期。适时采收可以提高含油率，提早采收含油率降低。传统上有些地区根据"霜降前三后七"的原则，即在霜降节气前3天到后7天的这10天内采收油茶，这段时间种仁饱满，油脂充分成熟，收获量最高；但在实际生产中，可依据当地气候条件与品种适应性，适当提早或延迟，如赣石84-8，在江西省鄱阳县就可提早至10月中旬采摘。

第一节
茶果成熟特征

　　油茶物种和品种不同，果实成熟期不一样。由于受生长的立地条件和当年气候的影响，同一物种在不同的年份，果实成熟期也有差别。普通油茶中的霜降种群一般在10月20日前后成熟，寒露群在10月上旬成熟。

　　我国大部分油茶物种与品种的果实成熟期都是在9月上旬至11月上旬，常因当年气候的影响而提早或推迟5～10天。一般高温干燥会提早成熟，低温阴雨会推迟成熟，低纬度、低海拔地区较之高纬度、高海拔地区晚熟。果实成熟特征主要表现在以下方面。

一、外观颜色

　　成熟油茶果的外皮颜色会发生变化，通常由青绿色或灰黄色变为黄褐色或棕红色。果皮表面光滑，无茸毛，呈现油光质感。

二、果实形状

　　油茶果实形状略呈球形或橄榄形，随着成熟度的提高，果实会逐渐饱满。

三、种仁饱满

　　成熟油茶果的果仁饱满，呈黑色或茶褐色，质硬而显油

光。种仁淡黄，胚已发育成熟，种仁含油率可达30％～35％（图7-1、图7-2）。

图7-1　近成熟种仁

图7-2　成熟种仁

四、果实重量

成熟油茶果的鲜果质量一般在25 ～ 30克之间，鲜籽质量在10 ～ 15克之间。

五、油脂积累

在油茶果成熟期的最后一个月，油脂积累达到高峰。此时，油茶果的含油率较高，内部营养物质相互转化。

六、果壳含水率

成熟油茶果的果壳含水率较低，一般在40％～ 50％之间。

第二节
高效采收

油茶不仅要科学栽培，还要科学采收和处理茶果，才能提高种仁出油率和油质，确保当年的高产丰收和翌年的高产稳产。油茶的果实采收是油茶林经营过程中的重要环节。采收工作做得如何直接关系到当年的产量和质量，并且影响到第二年的结实。油茶果实已经成熟，如不及时采收或采收后不及时翻晒保管好，都会造成损失。采收时如不注意保花苞、保枝条，也会使翌年的结实量减少。因此认真做好采收工作非常重要。

一、采收时间

油茶果实一般在10月开始逐渐成熟，霜降节气前后进行采收。采收时应注意观察果实的外观颜色，当色泽鲜艳、发红或发黄，果面呈现油光，果皮茸毛脱尽，果基茸毛硬而粗，果壳微裂，种壳变黑发亮，种仁白中带黄，表示油茶果已成熟（图7-3），应及时采收。

图7-3 成熟种仁

二、机械化采收

随着科技的发展，可以采用机械化采收方式，例如使用振动采收机等方式，降低采收成本，能显著提高采收效率（图7-4）。

图7-4　油茶果实采收

A.机械采收　B.人工采收　C.茶果收集网

第三节
仓储保存

油茶果实的外壳较厚，含水量较高，如果仓库条件不好、通风不良、堆放不合理，积热不易散发，容易霉烂变质。因而

167

油茶果实的耐贮性很差，贮藏在4个月以上的油茶果实，其加工出油量就会迅速降低，贮藏过了季或发过热的油茶果实，出油率与茶油品质都会显著降低。因此，油茶果实不适合过夏或长期贮藏。

油茶果实仓储保存技术主要包括以下几个方面：

一、采收后的处理

油茶果采收后，应尽快进行初步处理。首先，将新鲜油茶果摊放在室内一周，使种子中储存的有机物充分转化为油脂，增加油脂含量。然后，将处理后的油茶果摊晒、脱壳、取种（图7-5、图7-6）。晒干过程中，需注意天气状况，如遇持续阴雨天气，应采用低温烘干方式进行处理（图7-7）。

图7-5　晾晒茶果

图7-6　油茶剥壳机

图7-7　油茶果烘干机

二、仓储条件

油茶果仓储时，应确保仓库通风良好、遮阳避雨。仓库内温度应控制在25℃以下，相对湿度不超过70%。此外，仓库地面应铺设防潮材料，以防止油茶果受潮霉变。

三、防虫害措施

油茶果仓储过程中，应注意防治虫害。可在仓库内悬挂黑光灯或虫害诱捕器，定期检查并清理虫害尸体。同时，可采用生物防治和化学防治相结合的方式，防止虫害的发生与蔓延。

四、定期检查

在油茶果仓储过程中，应定期检查果实的干燥程度、色泽、气味等，以便及时发现并处理问题。同时，检查仓库内温湿度，确保适宜的贮存环境。

五、包装和运输

油茶果在仓储保存过程中，应采用透气性好的包装材料，防止水分蒸发。运输过程中，要确保包装完好无损，避免挤压和摔落，确保油茶果品质（图7-8）。

图7-8 茶 油

主要参考文献 REFERENCES

谭新建, 晏巢, 钟秋平, 等, 2023. 我国油茶良种选育及推广应用 [J]. 世界林业研究, 36(2): 108-113.

王胜男. 《全国油茶主推品种和推荐品种目录》发布 [N]. 中国绿色时报, 2022-10-12(1-2).

肖凯英, 刘娟, 2021. 普通油茶育种研究进展 [J]. 生物灾害科学, 44(2): 114-118.

徐天森, 1987. 林木病虫害防治手册 (修订版)[M]. 北京: 中国林业出版社.

姚小华, 王开良, 庄瑞林, 2009. 图说油茶高效生态栽培 [M]. 杭州: 浙江科学技术出版社.

姚小华, 徐林初, 罗治建, 等, 2010. 油茶高效实用栽培技术 [M]. 北京: 科学出版社.

中南林学院, 1983. 经济林栽培学 [M]. 北京: 中国林业出版社.

庄瑞林, 2008. 中国油茶 (第二版)[M]. 北京: 中国林业出版社.

附录一　苗圃害虫的特点及防治

害虫	为害时期	为害特点	防治方法
非洲蝼蛄	8月立秋至11月立冬，此时新羽化的成虫和当年孵化的若虫，均需取食，以促进生长发育，并积累营养准备越冬	可咬食刚播下利发芽的种子，或食害幼苗嫩茎，常将根部或根颈部咬食成乱麻状，导致幼苗生长发育不良或枯死，同时其在地面活动时，挖掘隆起的隧道，造成幼苗和土壤分离，失水而枯死	一、加强苗圃管理。对圃地要深翻施有机肥，可以精细耕作，中耕除草，施用腐熟的有机肥，改善害虫的适生环境，或破坏环境使害虫的适生环境，受天敌侵袭虫体；冬季翻耕，可将虫体翻至土表，害或自然环境影响而死亡；用淹水作基肥，对害虫有一定杀伤作用，对已有苗木的圃地，也可用16%氨水1份兑水12份浇根，施用前先在苗木行同距苗10厘米处开沟，浇施后覆土，可起到既施肥又杀虫的作用。
蛴螬	从3月至9月都有不同虫态和不同龄期的幼虫发生，错综复杂	植食性蛴螬严重危害农林作物地下部分，其成虫（金龟子）补充营养时，还为害叶、芽、花、果实等	二、苗期幼虫为害时，可在苗木行间开沟，灌入9%敌百虫原药1 000～1 500倍液，使药渗浇到苗木根部，然后覆土。
小地老虎	从10月至翌年4月都见发生和为害。黄河以南至长江沿岸一年四代，长江以南一年四至五代，南亚热带地区一年六至七代。无论年发生代数多少，在生产上造成严重危害的均为第一代幼虫	幼虫在土中生活，白天潜伏于幼苗根部附近表土内，夜出于地表咬断苗茎，拖到穴内取食，苗木质化后，则咬食嫩芽和叶片，造成缺苗断垄	三、施用毒饵诱杀。可用90%敌百虫原药10倍液，拌炒香的米糠或谷糠、麦麸等饵料，于傍晚撒于苗床，可诱杀害虫，但应注意防止家禽、家畜误食。 四、大水冬灌或春灌，可减少圃地虫口基数。

附录二　叶部害虫的特点及防治

害虫	为害时期	为害特点	防治方法
日本龟蜡蚧	3～4月开始取食，8月下旬至10月上旬，雌虫陆续由叶转到固枝上固着为害，至秋后越冬	若虫和雌成虫刺吸枝、叶汁液，排泄蜜露常诱致煤污病发生，削弱树势致青害枝条枯死	一、人工防治。做好苗木、接穗、砧木检疫消毒。剪除虫枝受或剔除虫体。冬季枝条上结冰凌或雾凇时，用木棍敲打树枝，虫体可随冰凌而落。 二、生物防治。保护引放天敌，天敌有瓢虫、草蛉、寄生蜂等。 三、化学防治。刚落叶或发芽前喷含油量10%的柴油乳剂，如混用化学药剂效果更好。初孵若虫分散转移期50%稻丰散乳油1500～2000倍液。也可用矿物油油乳剂，夏秋季用含油量0.5%，冬季用3%～5%，松脂合剂夏秋季用18～20倍液，冬季用8～10倍液
刺蛾	6月中旬至8月上旬均可见初孵幼虫。低龄啃食叶肉，8月危害最重，8月下旬开始陆续老熟入土结茧越冬	幼虫啃食叶。低龄啃食叶肉，稍大则将叶片食成缺刻和孔洞，严重时食成光秆	一、人工防治。挖除树基四周土壤中的虫茧，减少虫源。大部分刺蛾成虫具较强的趋光性，可在成虫羽化期于19:00～21:00用灯光诱杀。 二、生物防治。以浓度为每毫升含2.3×10^5～2.3×10^7个孢子的纵带球须刺蛾核型多角体病毒防治，效果达100%，将感病幼虫（含茧）粉碎，于水中浸泡24小时，离心10分钟，以粗提液20亿PIB/毫升的黄刺蛾核型多角体病毒稀释1000倍液喷杀三至四龄幼虫，效果达76.8%～98%。 三、化学防治。幼虫盛发期喷洒25%喹硫磷乳油1500倍液
茶柄脉锦斑蛾	7月上中旬，幼虫危害较为严重	幼虫取食叶片留下叶柄，严重影响果实的发育及后期干物质的积累，造成减产	一、人工防治。加强茶林管理，冬季结合油茶林垦复，在树根部四周培土覆盖，稍加镇压，可杀死越冬幼虫，防止成虫羽化出土。 二、生物防治。用青虫菌、杀螟杆菌、苏云金杆菌每毫升含0.25亿～0.5亿孢子液单喷效果较好。 三、化学防治。在危害严重的茶林，当幼虫孵化时可喷洒90%敌百虫原药1500倍液

（续）

害虫	为害时期	为害特点	防治方法
袋蛾	4—6月，初龄幼虫仅食叶片表皮。10月中下旬，幼虫逐渐向枝梢转移，将袋囊用丝牢固定在枝上，袋口用丝封闭越冬	幼虫取食树叶、幼果。大发生时，全树叶片食尽，残存秃枝光干，严重影响树木生长，开花结实，使枝条枯萎或整株枯死	一、人工防治。人工摘袋囊，尤其是大袋蛾的袋囊十分明显，可采用人工摘除，把袋蛾幼虫冠上袋蛾的袋囊，冬季可见到树冠上袋蛾的袋囊。 二、生物防治。寄生蝇寄生率高，要死力保护利用。苏云金杆菌、杀螟杆菌1亿～2亿孢子/毫升防治袋蛾，防治效果85%～100%。喷撒 三、化学防治。7月上旬喷施90%敌百虫原药1000～1500倍液2.5%溴氰菊酯乳油5000～10000倍液防治袋蛾低龄幼虫
瓦同缘蝽	4月中旬越冬成虫开始活动，第一代若虫于5月上旬至6月中旬孵出，局部地区第三代若虫8月下旬至9月初孵出	若虫喜在嫩枝花上吸汁。成虫及若虫上为害，中午强日照时，常栖息于叶下。冬季温暖、春季少雨的年份发生较重，阳坡和较避风处的寄主受害较重	一、人工防治。零星发生不防治，成虫、若虫为害时，人工振落捕杀。 二、生物防治。红缘猛猎蝽是若虫、成虫天敌昆虫，以保护这种天敌昆虫。 三、化学防治。成虫出蛰密度大，预计大面积发生时，可在成虫产卵期、若虫孵化期（最好若虫三龄前）喷洒1.1%烟碱·百部碱、印楝素乳油1000～1500倍液，27%茶皂素·烟碱可溶液剂400倍液，0.26%苦参碱水剂500～1000倍液，0.88%双素·碱400倍液，3%除虫菊素乳油900～1500倍液，2%烟碱乳剂900～1500倍液，0.3%印楝素乳油1000～2000倍液等

173

害虫	为害时期	为害特点	防治方法
铜绿丽金龟	5月底成虫出现，6、7月间为发生盛期，是全年危害最严重期，8月下旬渐退，9月上旬成虫绝迹	成虫取食叶片，常造成大片幼龄果树叶片残缺不全，甚至全树叶片被吃光	一、人工防治。利用成虫的假死习性，早晚振落捕杀成虫。利用成虫的趋光性，于黄昏后在田边边缘点火或用黑光灯大量诱杀成虫。二、生物防治。药剂防治在成虫发生期果树冠喷布50%杀螟硫磷乳油1 500倍液，或喷布石灰过量式波尔多液对成虫有一定的驱避作用

附录三　常见枝干和果实害虫

害虫	为害时期	为害特点	防治方法
黑跗眼天牛（知了）	枝干害虫。为害发生期为6—10月	若虫在土壤中刺吸植物根部，若虫发生数年。成虫随气温回暖，上移刺吸为害	一、剪除卵枝。二、捕捉若虫。人工捕捉老熟若虫或初羽成虫。三、灯光诱集成虫。7月初老熟若虫在成虫羽化前，安装黑光灯诱集成虫，特别是7月下旬成虫高峰期，效果更好
油茶宽盾蝽	果实害虫。为害期4—10月，若虫期7个月，成虫寿命为2个月或再长些	若虫在茶果上吸食果汁液，影响果实发育，减低产量和出油率，还由于吸食成的粪可诱发油茶发瘟病，还会引起落果	一、加强油茶林管理。修剪茶林中的衰老茶枝及濒死、倒伏茶树，调整林间密度，促进油茶生长健壮，减轻病虫的侵害。二、人工捕捉。在若虫三、四龄期，用塑料袋制作的捕虫网人工捕捉。三、药剂防治。用每毫升含0.5亿～1.0亿孢子的白僵菌液喷雾防治小若虫，或用50%杀螟硫磷乳油5 000倍液喷雾防治若虫。2.5%溴氰菊酯乳油

附　录

附录四　国家明令禁止使用的农药一览表

类　别	药品名称
国家明令禁止使用的农药（56种）	六六六、滴滴涕、毒杀芬、二溴氯丙烷、杀虫脒、二溴乙烷、除草醚、艾氏剂、狄氏剂、汞制剂、砷类、铅类、敌枯双、氟乙酰胺、甘氟、毒鼠强、氟乙酸钠、毒鼠硅、甲胺磷、对硫磷、甲基对硫磷、久效磷、磷胺、苯线磷、地虫硫磷、甲基硫环磷、磷化钙、磷化镁、磷化锌、硫线磷、蝇毒磷、治螟磷、特丁硫磷、氯磺隆、胺苯磺隆、甲磺隆、福美胂、福美甲胂、三氯杀螨醇、林丹、硫丹、氟虫胺、杀扑磷、百草枯、灭蚁灵、氯丹、2,4-滴丁酯、甲拌磷*、甲基异柳磷*、水胺硫磷*、灭线磷*、氧乐果*、克百威*、灭多威*、涕灭威*、溴甲烷*
在蔬菜、果树、茶叶、中草药材上不得使用的农药（12种）	内吸磷、硫环磷、氯唑磷、乙酰甲胺磷、丁硫克百威、乐果、毒死蜱、三唑磷、丁酰肼（比久）、氰戊菊酯、氟虫腈、氟苯虫酰胺
限制使用的农药（9种）	磷化铝、氯化苦、氟鼠灵、敌鼠钠盐、杀鼠灵、杀鼠醚、溴敌隆、溴鼠灵、乙酰甲胺磷

注：*甲拌磷、甲基异柳磷、水胺硫磷、灭线磷过渡期至2024年9月1日，氧乐果、克百威、灭多威、涕灭威过渡期至2026年6月1日，过渡期内禁止在蔬菜、瓜果、茶叶、菌类、中草药材上使用，禁止用于防治卫生害虫，禁止用于水生植物的病虫害防治。甲拌磷、甲基异柳磷、克百威过渡期内禁止在甘蔗上使用。过渡期后禁止销售和使用上述8种农药。溴甲烷仅可用于"检疫熏蒸处理"。

此外，任何农药产品都不得超出农药登记批准的使用范围使用。

由于杀虫剂的作用方式分别为触杀（直接接触虫体才能使昆虫致死），胃毒（要让昆虫吃进去才会致死），熏蒸（气味也可以杀虫）和内吸（可以被植物吸收，当昆虫取食植物时也会被杀死），我们可以根据需要选择与禁用农药作用方式相同的其他药品进行药物防治。

175

附件五 全国油茶主推品种目录

序号	品种名称	良种编号	品种特性	适宜栽植区域	造林地要求	配置品种
1	长林53油茶	国 S-SC-CO-012-2008	株形疏散分层型，叶椭圆形，果卵球形，黄绿色，平均单果重28克。规模化种植盛果期产油量40～50千克/亩	浙江、江西、安徽、湖南、福建东部、北部和西部，贵州东部和南部，重庆东南部和中部，广西北部，广东北部，陕西南部，河南南部，四川南部川东盆部油茶适生栽培区	油茶适生区北带（东部桐柏山，大别山低山丘陵区和西部秦巴山地区）海拔500米以下，中带湘赣浙闽低山丘陵区海拔800米以下，中带西部川东盆地区海拔700米以下，贵州高原区海拔600米以下，川西和滇北	长林3号或长林23
2	长林40油茶	国 S-SC-CO-011-2008	直立主干型，叶长椭圆形，果卵球形，三棱，黄绿色，平均单果重19克。规模化种植盛果期产油量40～50千克/亩	浙江、江西、湖北、安徽、福建东部、北部和西部，贵州东部和南部，重庆东南部和中部，广西北部，广东北部，四川南部，河南南部，陕西南部，川东南适生栽培区	川南海拔1 000米以下，中高原区海拔1 500～2 000米，南海带（桂粤闽南低山丘陵区、滇东南桂西南高原山地地区，桂粤沿海）海拔200～500米。	长林4号或长林3号
3	长林4油茶	国 S-SC-CO-006-2008	自然圆头形，叶披针形，果倒卵球形，绿带红色，平均单果重25克。规模化种植盛果期产油量40～50千克/亩	浙江、江西、湖北、安徽、湖南、福建东部，北部和西部，贵州东南部和南部，重庆东南部，广西北部，广东北部，河南南部，四川南部，陕西南部油茶适生栽培区	坡度5°以上，25°以下，土层厚度60厘米以上，pH小于6.5的酸性红壤，黄红壤，年均温度14～21℃，光照充足的山地丘陵	长林40或长林3号

（续）

序号	品种名称	良种编号	品种特性	适宜栽植区域	造林地要求	配置品种
4	华鑫油茶	国S-SV-CO-019-2021	树冠圆头形，生长旺盛，扁球形，有光泽，果实红色。平均单果重52克以上。规模化种植盛果期产油量45～70千克/亩	湖南、江西、湖北、广西北部，广东北部，重庆东部和南部，四川南部和北部，河南南部油茶适生栽培区	海拔800米以下，相对高度500米以下，坡度在25°以下，pH4.5～6.5酸性红壤，土层厚度60厘米以上，黄红壤，年均温度14～21℃，光照充足的中下坡	华金或湘林210
5	华金油茶	国S-SV-CO-017-2021	树林生长旺盛，果实青绿色，近圆柱形，平均单果重49克。规模化种植盛果期产油量40～65千克/亩	湖南、江西、湖北、广西北部，贵州东部和南部，四川南部和北部，河南南部油茶适生栽培区		华鑫或湘林53
6	华硕油茶	国S-SV-CO-018-2021	树冠圆头形，树体紧凑，果实青色，扁球形，平均单果重69克。规模化种植盛果期产油量45～70千克/亩	湖南、江西、湖北、广西北部，贵州东部和南部，重庆东部和南部，四川南部和北部油茶适生栽培区		华鑫或湘林210
7	湘XLC15（湘林210）油茶	国S-SC-CO-015-2006	树冠自然圆头形，叶片直立，椭圆形或球形，果橘形，黄红色或青黄色，平均单果重45克。规模化种植盛果期产油量50～70千克/亩	湖南、江西、湖北、广西北部，广东东部和南部，重庆东部和南部，四川南部，安徽北部，陕西南部，河南南部油茶适生栽培区	海拔1000米以下，相对高度500米以下，坡度25°以下，土层厚度60厘米以上，pH4.0～6.0酸性红壤，黄红壤，黄壤，紫色土，年均温度14～21℃，光照充足的低山丘陵，阳坡地	华金或湘林97号，华鑫或长林53

（续）

序号	品种名称	良种编号	品种特性	适宜栽植区域	造林地要求	配置品种
8	湘林1号油茶	国S-SC-CO-013-2006	树冠自然圆头形，叶片深绿光亮，椭圆形。果黄红色，椭圆形，平均单果重40克，规模化盛果期产油量50~60千克/亩	湖南、江西、湖北、福建北部、广西北部、广东北部、四川南部、重庆西南部、陕西南部、河南南部油茶适生栽培区	海拔500米以下，相对高度200米以下，坡度25°以下，土层厚度60厘米以上，pH4.0~6.0酸性红壤、黄红壤、黄壤、紫色土，年均温度14~21℃，光照充足的低山丘陵、阳坡地	湘林27号、湘林97号或华硕
9	湘林27号油茶	国S-SC-CO-013-2009	树冠自然圆头形，叶片椭圆形，果黄红色，球形，平均单果重30克。规模化种植盛果期产油量50~70千克/亩	湖南、江西、广西北部、广东北部、重庆南部、四川南部油茶适生栽培区		湘林1号、湘林78号或华硕
10	岑软3号油茶	国S-SC-SO-002-2008	冠幅紧凑，冲天状，枝条短小，叶片倒卵形，叶面平展，果青红色，球形。规模化种植盛果期产油量50~70千克/亩	广西中部、南部和北部，广东东南部，江西南部，贵州东南部油茶适生栽培区	海拔600米以下，相对高度200米以下，坡度25°以下，土层厚度60厘米以上，pH4.5~6.5的酸性红壤、黄红壤，年均温度16.5~22.6℃，光照充足的丘陵山地	岑软2号

（续）

序号	品种名称	良种编号	品种特性	适宜栽植区域	造林地要求	配置品种
11	岑软2号油茶	国S-SC-SO-001-2008	树冠呈圆头形，枝条柔软，叶片拔针形，叶面平展，嫩梢绿色，花青色，果倒杯白色，果青色，呈倒杯状。规模化种植盛果期产油量50～70千克/亩	广西中部、南部和北部，广东东部、西部和北部，湖南南部，贵州东南部油茶适生栽培区	海拔600米以下，相对高度200米以下，坡度25°以下，土层厚度60厘米以上，pH 4.5～6.5的酸性红壤，年均温度19.1～22.6℃，光照充足的丘陵山地	岑软3号、黄红
12	赣无2油茶	国S-SC-CO-026-2008	树枝开张，叶片椭圆形或近圆形，果近球形，果皮红黄色，平均单果重27克。规模化种植盛果期油产量40～60千克/亩	江西、广东北部油茶适生栽培区	海拔600米以下，相对高度200米以下，坡度25°以下，土层厚度60厘米以上，pH 4.5～6.5酸性红壤、黄壤或黄棕壤，年均温度12～25℃，光照充足的丘陵、山地的斜坡或缓坡	赣无1或赣石83-4
13	赣兴48油茶	国S-SC-CO-006-2007	树枝紧凑，叶片椭圆形或近圆形，果圆球形，果皮红色，平均单果重15克。规模化种植盛果期产油量50～70千克/亩	江西、广东北部油茶适生栽培区		赣无1或赣石83-4

179

（续）

序号	品种名称	良种编号	品种特性	适宜栽植区域	造林地要求	配置品种
14	赣州油1号油茶	国S-SC-CO-014-2008	树冠呈圆球形，叶片椭圆形，软厚革质，果球形略扁，果皮青色。规模化种植盛果期油产量40～60千克/亩	江西南部，福建西部，广东北部、广西北部油茶适宜生栽培区	海拔500米以下，坡度25°以下，土层厚度80～100厘米，年均温度14～21℃，pH5～6.5酸性红壤、黄红壤，阳光充足，排水良好，交通便利的低山丘陵或平原	长林53或赣油10号
15	义禄香花油茶	桂R-SC-SO-008-2019	植株圆球形，叶小，披针形或椭圆形，部分叶片具波浪，基部纯圆，果黄绿色、球形，平均单果重32克。规模化种植盛果期产量60～80千克/亩	广西北回归线南部及两侧，以及其他气候相似地区油茶适宜生栽培区	海拔600米以下，相对高度200米以下，坡度25°以下，土层厚度60厘米以上，pH4.5～6.5的酸性红壤、黄红壤，年均温度21℃以上，光照充足的丘陵山地	义丹或义臣香花油茶
16	义臣香花油茶	桂R-SC-SO-002-2021	植株圆柱形，叶小，长椭圆形，果黄绿色、球形无棱，果脐较平。规模化种植年均盛果期油产量60～80千克/亩	广西北回归线南部及两侧，以及其他气候相似地区生栽培区		义禄或义丹香花油茶

附录六　油茶生产月历及主要农事

月份	发育期	主要农事			
		新建基地或幼林	投产林管理/低产林改造	苗圃	采穗圃
1	休眠期	林地准备，造林	垦复，施基肥，移栽补植	排水冻土，种仁贮藏管理	垦复，施基肥
2	根系活动	造林	修剪大苗移栽补植	土地整理，修筑苗床，种子催芽、播种	修剪，追施复合肥
3	萌动期	容器苗造林，幼树整形	容器苗补植，老树锯干复壮	床面施肥，材料准备，砧木培育	基地管护
4	萌芽期	基地管护	林地除草	灭草、松表土，搭建遮阴棚，砧木培育	防虫防病
5	抽梢期	基地管护	大树嫁接换冠	床面消毒，嫁接育苗	林地除草，剪接穗
6	花芽分化	除草盖蔸，施肥	施促花芽肥，植株管护，适时保湿罩，立支柱护接穗	开始揭膜，喷药防病，除萌除草，施用追肥	剪接穗
7	花芽分化果实膨大	抗旱保苗，防治油茶象甲	挖竹节沟保水，林地劈草覆盖，改造植株保护	除萌除花除草，注意排灌，继续追肥	施追肥，除花芽
8	果实膨大	抗旱保苗	基地管护	除萌除花除草，注意排灌继续追肥	劈草覆盖，摘心
9	长油期	秋季抚育，绿肥埋青	采前劈草，适时撤除遮阳罩	继续做好管理，适时撤除遮阴棚，及时浇水施肥	视需要可，再次采穗
10	果熟期	摘花蕾	采收，种仁处理	起苗进容器，准备翌年种仁，种仁储藏	摘花蕾
11	根系生长	林地挖带，施肥	榨油	防风防冻，苗木销售准备	修枝整形
12	休眠期	林地挖带，施肥	榨油，施肥，林地深挖带，保护改造植株	苗木销售，选择新圃地，圃地整理	垦复，施基肥

图书在版编目（CIP）数据

图解油茶丰产高效栽培 / 左继林主编. -- 北京：中国农业出版社，2024.12. -- （森林食物产业技术升级丛书）. -- ISBN 978-7-109-32496-1

Ⅰ.S794.4-64

中国国家版本馆CIP数据核字第2024YR4061号

中国农业出版社出版

地址：北京市朝阳区麦子店街18号楼

邮编：100125

责任编辑：国　圆

版式设计：王　晨　　责任校对：吴丽婷　　责任印制：王　宏

印刷：北京缤索印刷有限公司

版次：2024年12月第1版

印次：2024年12月北京第1次印刷

发行：新华书店北京发行所

开本：880mm×1230mm　1/32

印张：6

字数：155千字

定价：38.00元
